全国高校安全工程专业本科教材

安全科学与工程导论

An Introduction to Safety Science and Engineering

姜 伟 佟瑞鹏 傅 贵 编著

中国劳动社会保障出版社

图书在版编目(CIP)数据

安全科学与工程导论/姜伟,佟瑞鹏,傅贵编著. —北京:中国劳动社会保障出版社,2015

ISBN 978-7-5167-2247-3

Ⅰ.①安… Ⅱ.①姜…②佟…③傅… Ⅲ.①安全科学②安全工程 Ⅳ.①X9

中国版本图书馆 CIP 数据核字(2015)第 292518 号

中国劳动社会保障出版社出版发行

(北京市惠新东街 1 号 邮政编码:100029)

*

三河市华骏印务包装有限公司印刷装订 新华书店经销

787 毫米×960 毫米 16 开本 14.75 印张 254 千字

2016 年 1 月第 1 版 2024 年 5 月第 8 次印刷

定价:32.00 元

营销中心电话:400−606−6496

出版社网址:http://www.class.com.cn

内 容 简 介

    本书是高等教育安全工程专业与相关专业的基础课程教材，以安全科学与工程、安全学科建设等为重点，并在此基础上概括介绍了安全管理与安全技术基础知识。本书内容包括：安全学科的概念、事故统计与安全指标、事故致因理论、安全学科体系、安全学科人才培养体系概论、安全学科课程体系及内容概论、安全管理基础、安全技术工程基础。

    本书是为了适应当前高校安全工程专业的教学和实践需要而编写的，是全国高校安全工程专业本科教材。本书除了可作为高等院校安全工程及相关专业的教学用书外，还可供安全生产专业领域的各级人员阅读使用。

前 言

开设《安全科学与工程导论》课程有四个目的：第一，学生掌握了安全学科的基本概念和基础理论；第二，学生了解了安全学科的体系、分类，以及课程设置方案、课程内容概论、课程间的相互关系；第三，学生了解了安全生产专业的人才需求基本情况；第四，学生了解了安全管理和安全技术的一些基本知识，为以后的专业课学习奠定基础。

围绕这四个目的，这门课程主要有以下内容：

（1）安全学科的概念。

（2）事故统计与安全指标。

（3）事故致因理论。

（4）安全学科体系。

（5）安全学科人才培养体系概论。

（6）安全学科课程体系及内容概论。

（7）安全管理基础。

（8）安全技术工程基础。

因为各高校安全工程专业的培养方案不尽相同，所以安全科学与工程的概论或导论课中的课程体系也难以统一，所以这部分内容没有纳入到本教材中。总之，《安全科学与工程导论》教材，必须对应于本单位的教学培养方案，以期实现掌握基本概念、打下理论基础、概论培养方案的作用。本课程的学时数宜在24～32学时。

本书共分八章，第一章、第三章由姜伟、傅贵编写，第二章由傅贵编写，第四章由佟瑞鹏编写，第五章至第八章由姜伟编写。

编 者

2015 年 8 月

目　　录

第一章　安全学科的概念

本章目标

掌握安全学科相关的基本概念和非基本概念。

学科是由概念和基本公理等组成的。因此，对于一门学科来说，概念是最重要的。安全学科有许多概念，其中事故、危险源和风险是基本概念；安全、危险等其他概念，虽使用方式各有不同，但它们都可由基本概念导出，所以是非基本概念。本章首先重点对安全学科的基本概念做出阐述，然后再概括性地讨论一些常见的非基本概念。

安全学科有三个官方名称，安全科学技术（代码为 620，见 GB/T 13745—2009《学科分类与代码》）、安全科学与工程（代码为 0837，见国务院学位委员会学位〔2011〕11 号文件）、安全科学与工程类下的安全工程（代码为 082901，见教育部教高〔2012〕9 号文件）。为简单方便，将上述三个学科名称统称为"安全学科"。

第一节　事故的概念

本节首先介绍事故案例，然后介绍事故的概念。

一、事故案例

1. 头部摔伤事故

据记者李永 2010 年 6 月 4 日在《都市女报》第二版报道，2010 年 6 月 3 日下午，济南市市中分局组织干警进行警务实战训练，归来途经 104 国道环宇加油站时，发现一人躺在路边，并有路人围观，干警们下车询问，发现伤者是一名年轻女子，头部受伤，出血严重，并伴有痛苦呻吟。干警们迅速联系"120"进行急救。经对附近群众进行调查得知，由于下雨路滑，该女子边走边打电话时不慎摔倒，摔伤头部。5 min 后，急救车赶到现场，将受伤女子紧急送到医院。这是一起日常生活中由于动作不当引起的事故。

2. 面部擦伤事故

某煤矿矿工在井下巷道内发现所在位置的上方悬浮着一块石头，为避免危险，他随手使用手中镐头将浮石撬下来。矿工在石块下落过程中躲闪不及，石块将其面部大面积擦伤，造成重伤。该矿规定，处理浮石应该使用矿工下井作业携带的 2 m 长的长钎来"敲帮问顶"、处理顶板。本例中的受伤矿工未遵守规定，操作动作错误，造成了事故。

3. 煤矿瓦斯爆炸事故

2005 年 2 月 14 日，某矿业集团发生一起重大瓦斯爆炸事故，造成 214 人死亡、30 人受伤，直接经济损失达 5 000 万元。事故后调查得知，引起瓦斯爆炸的火源来自工人违章带电检修照明信号综合保护装置时产生的电火花。据 2011 年版《煤矿安全规程》第七百三十二条规定，检修设备时，必须切断供电电源。显然此次事故中引爆瓦斯的火源是由于违章操作引起的。

4. 不系安全带引发的事故

据腾讯网腾讯汽车专栏 2010 年 11 月 24 日报道，2010 年 10 月 11 日，杭甬高速公路上发生一起涉及大客车的重大交通事故，造成 3 人死亡、6 人受伤，并有 6 名乘客因未系安全带被甩出车外。交警在现场勘察后得出结论，如果当时乘客都系了安全带，就不会造成这么大的伤亡事故。类似的悲剧自 2010 年以来频频上演：5 月 13 日，甬金高速上，安徽籍驾驶员李某由于没系安全带，从车辆前挡风玻璃甩出车外，伤势严重，而他的儿子坐在副驾驶座上系了安全带则安然无恙；5 月 11 日下午，杭甬高速公路上，一辆小轿车撞到路边护栏，车内 4 人由于没系安全带被甩了出去，均不同程度受伤；某日下午 1 时许，陈先生和他的两位朋友开着宝马汽车从南昌回台州，在台金高速离横溪出口不远处时，正在超车道上正常行驶的陈先生因一时走神，误以为前方道路有障碍物，便猛打方向盘，结果车子一头撞入中央护栏，车头严重变形，瘫痪在路面上，由于当时他们都系上了安全带，因此三人只是在车内受到剧烈震动，并没有受伤。上述报道中，描述了多起由于不系安全带引起的事故。

5. 高速公路上的事故

2012 年 6 月 29 日凌晨，广州某高速公路上发生一起事故。一辆油罐车在广深沿江高速公路一座大桥上停车，另一辆从后面开来的汽车，由于其司机未注意观察前方，未采取避让措施，追尾碰撞前车，造成前车装载的 54 t 溶剂油泄漏。溢油顺着高速公路排水管流至桥底排水沟，遇火源引起爆燃，殃及桥下货物堆场及周边建筑，造成 20 人死亡、27 人受伤。

2012 年 8 月 26 日 2 时 31 分许，包茂高速公路陕西省延安市境内发生一起特别重大的道路交通事故，造成 36 人死亡、3 人受伤，直接经济损失达 3 160.6 万元。该事故亦为追尾事故，前车为违法低速（21 km/h）行驶的货车，后车为疲劳驾驶（司机已经连续驾车 4 小时 22 分）、载有 39 人的客车；前车为装载 35 t 甲醇的货车，后车追尾碰撞前车，导致甲醇燃烧爆炸，殃及后车乘客。

二、事故的定义

下面首先介绍事故的定义，然后分别解释事故定义中的关键词。

1. 事故的定义

在教科书中，比较广泛认可的事故定义是"人们不期望发生的、造成损失的意外事件"，也有的把"突然发生"加入到定义中，即事故是"人们不期望的、突然发生的、造成损失的意外事件"，但"意外"本身就有"突然"的含义，因此"突然"二字实际上并无必要。如此，事故的定义中只有三个关键词，即"人们不期望""造成损失"和"意外"。

因此，事故仅是一个事件而已，当然它是突然发生的、造成损失的意外事件，除此以外，它与工作、生活中的其他事件相比并无特殊之处，这是事故概念的内涵。事故至少发生在一个社会组织（家庭、社区、企业、政府单位、国家等都是社会组织，以下简称"组织"）之内，无组织地带在当今世界基本上是不存在的。

2. 第一个关键词"人们不期望"

"人们不期望"指的是"多数人"不期望发生。比如偷盗抢劫事件的发生，正常情况下大多数人都不希望其发生，发生了就是一种事故，但这对于实施偷盗抢劫的人来说就是一种成功行为，而不是事故。所以一个事件是否构成事故需要从不同角度考虑。

3. 第二个关键词"意外"

"意外"这个关键词，意味着事故是在短时间内发生的。实际上，多长时间算是短时间，并无明确的规定，"短"只是相对的。此外，"意外"意味着人们无法防范，这一点也是有争议的。在一些安全管理比较好的企业，可能不把事故称为"事故"（Accident），原因是这个词汇具有"意外"（Accidentally）的含义，而这样的企业认为事故不是意外发生的，是自己工作质量的反映，和任何其他的"事件"（Incident）一样取决于企业及其个人的工作质量。因此，把"意外"发生的事件称为"事故"还是"事件"，实际上是管理理念的反映。

4. 第三个关键词"造成损失"

现在普遍认可的是，事故所带来的损失有生命与健康损害、财产损失和环境破坏3种。在日常实践中，组织为管理方便，也由于习惯，将各行业、各领域的工作生活的事故分为5种，即质量（Quality）事故、健康（Health）事故、安全（Safety）事故、安保（Security）事故/事件、环境（Environment）污染事故/突发环境事件，它们统称为QHSSE事件或事故。

"造成损失"这个关键词意指任何事故都会造成损失，只不过损失量不同而已。人们可以根据损失量的差别将不同的事件定义为事故，例如，有的单位为了提高事故预防的效果将"违章"定义为事故，这也很正常，原因是"违章"事件会带来一定的损失，尤其重要的是"违章"有造成事故的可能，将其定义为事故，重视起来，预先防止，这对于预防真正造成损失的事故很有好处。虽然每个人、每个单位都可以根据自己的工作需要确定损失量、定义事故，但是作为一个组织，一旦根据一个确定的损失量定义了事故，那么在这个组织内，这个定义就必须得到遵守。例如在我国，按照GB 6441—1986《企业职工伤亡事故分类》起草说明的第3条，"按我国惯例确定损失工作日1天以上的伤害为轻伤"，实际上就是把损失量为歇工时间1天以上的事件定义为轻伤事故。

5. 事件和结果

虽说事故是一种事件，但也并非很简单。例如，两名建筑工人不小心掉进了没有护栏的天井里，其中一名工人的安全帽由于没有扣帽带而飞出，工人的头撞在天井内安全网周边的铁栏杆上而身亡，另一名工人被安全网接住没有死亡，但安全帽没有脱落的头部也撞在铁栏杆上，导致重伤。这个案例中，两名工人掉入天井是事件A，一名工人身亡是事件B，另一名工人头部受伤是事件C。那么将哪个事件定义为事故呢？美国在事故统计时，把B、C称为事故，而且是两起事故，结果分别是死亡和重伤，不统计A。而我国在事故统计时则认为A是事故，是一起事故，B和C是事故的结果，结果就是一人死亡、一人重伤。定义为事故的事件不同，分析过程会略有差异，但分析结果可以做到基本相同。

6. 事故的普遍性标准

无论事故怎样分类，概括起来，其损失都可以分为三个大的类别：一是与人有关的损失，包括生命与健康损害；二是与财产有关的损失，可能是建筑、硬件设施等的破坏、丢失或者是工作效率降低；三是与环境破坏有关的损失，可能是污染、噪声等具体的环境问题。

任何事故都会有上述的一种或一种以上损失，业务活动、生活中的任何造成上述一种或几种损失的突发事件也都可以说是事故，所以事故是非常普遍的，各个行业都有。一个事故有时也很难说它是安全、健康、环境、安保、质量事故中的哪一种。因为这个原因，在管理实践中，经常把它们放在同一个部门管理，根据业务内容的多少，这个部门可能称为安全健康环保部（英文简称为 HSE，Health，Safety and Environment）或安全健康环保安保部（HSSE，Health，Safety，Security and Environment），甚至称为质量安全健康环保安保部（QHSSE，Quality，Health，Safety，Security and Environment）等。在部门名称中，有时字母、名词的顺序会有变化，但含义并无不同。

从事故损失的角度来看，事故是普遍存在于各行各业的，既存在于业务活动中，也存在于生活活动中。因此，事故的规律性也普遍适用于生产和生活中的事故。从这个角度来说，以事故为研究对象的安全科学是一门普遍科学。

三、事故的范围

自然灾害、职业病、各个行业（煤炭、化工、冶金、机械等）的生产安全事故、信息安全事故、食品安全事故、公安保卫及恐怖事件、公共卫生事件（如SARS）、生活中的老人安全事件、儿童安全事件、社区安全事件等，都是突然发生的、带来损失的意外事件，都是事故这个概念的外延。它们都发生在有管辖的组织当中，预防策略是统一的，在科学上都可纳入安全学科。

当然，事故还需要量化的定义，否则组织在管理实践中是无法具体操作的。事故的量化定义，是组织规定的，目前我国和美国的规定有类似之处。例如，我国GB 6441—1986《企业职工伤亡事故分类》的编制说明中定义，造成企业职工歇工1天以上的事件是一个生产安全事故，单位是"次"或者"起"；美国定义造成一名员工歇工1天以上的事件为一个（损工）职业伤害事故（Injury），单位是"人次"。当然，时间上的量化规定在将来也可以不限于1天，甚至可以是1 s。类似地，也可以根据损失量定义生产安全、职业伤害事故以外的事故，这就给出了事故的量化定义，便于组织管理实践中进行具体的预防操作。通过规定事故的损失量也可以把"隐患""违章""状态突变"等事件定义为事故，以实现更严格的管理，这样事故的外延就扩大了（见图1—1）。总之，随着事故定义的损失量不同，事故的外延范围也不同。定义事故所用的损失量虽然是可以改变的，但是在一段时间内是稳定的，政府等组织一旦规定，在改变规定之前，组织成员就必须遵守。

图 1—1 事故的定义随损失量而变化

有文献认为，"自然和社会的安全问题不是只用一个'事故'就能概括的，尤其是大安全观的提出和形成，不能再把生产事故看成安全学科的全部研究内容。另一方面，事故只是一种极端状态，相对于大量的安全研究、安全管理工作关注的是安全状态转化为更安全或孕育着事故的动态过程或趋势。事故只是一种瞬时发生、瞬时即逝的状态。所以，安全科学的研究对象应该用大安全观的思想来界定。于是，人们提出许多具体的对象，例如，与国际和国家安全有关的战争、恐怖袭击、基因工程与生化武器、核材料的安全使用与保存、核武器扩散、突发性传染病、炭疽病杆菌、禽流感、艾滋病、吸毒与贩毒、全球气候变暖、陆地沙漠化、人口快速增长、巨大水坝安全、水源污染、有关国计民生的物资储备与供应、亚洲金融危机式的金融风暴、突发性公共安全、交通安全、矿难、新技术应用的安全、工程安全和生产安全、食品、药品、家电产品的安全等。如果把这些现象进行归纳，按照产生上述各种安全问题的主要原因分类，可以用一句话来概括，这就是与'天灾'和'人祸'相关的安全问题（张景林、王晶禹、黄浩，2007）"。

上述论述其实是很多相似观点的一个代表。事实上，把安全学科的研究对象看作是事故，含义并不狭窄。因为所使用的事故的概念是"人们不期望发生的、造成损失的意外事件"，这个定义中的事故包括 QHSSE 事故及自然灾害造成损失等所有事件，也就是包括上述论述中的一切"天灾和人祸"。如图 1—1 所示的支点的位置，还可无限放大"事故"的内容。此外，文献提到事故是一种"极端状态"，安全学科研究和管理工作实际上就是要预防这种极端状态，找到它们的规律和原因，使其未来不再发生。至于上述所列举的许多安全问题，如不使用事故（事件）的概念，就很难归纳得十分具体，不具体就不好理解，不好理解就不明确。必须把安全学科的研究对象表达为具体的、"看得见、摸得着"的事故（事件），工作目标才能明确为预防事故，在生产现场和学术界才比较实用。网上调查结果（见本书第四章第三节关于安全学科内涵认可度的调查的相关内容）也表明，78% 的回答者同意"安全学科的研究对象是类别不同、损失量大小不同的事故"。事实上，之所以人们认为安全学科不实在，其主要原因就是不能清楚地表达其研究对象、研究目的，因而人们不能明确这个学科究竟能为、想为、已经为生产实践和日常生活做哪些有用之事。将研究对象确定为事故之后，安全工作、学术研究的唯一目的就是预防事故，非常明确、具体和实用，安全学科再不会被认为是"虚"的学科。

也有人认为安全学科的研究对象是"安全"，但事实上，"安全"在中文中人们可以说"无危则安、无损则全"，英文中却无法做此解释。事实上，真正的"无"是无法做到的。"安全"作为一种状态，是用"事故"来定义的。一定的时空范围内，无事故或无事故发生的风险，便是安全的；否则，便是不安全的。所以使用"事故"作为研究对象的表达，更加直接和实用。

四、事故与职业病的关系

本书定义的事故包括职业病。职业病在我国是指 2013 年 12 月 23 日国家卫生和计划生育委员会、人力资源和社会保障部、国家安全生产监督管理总局、全国总工会以国卫疾控发〔2013〕48 号文件公布的《职业病分类和目录》中的与工作有关的疾病。如上所述，虽然事故定义中的"意外"这个关键词，意味着事故是在短时间内发生的，但时间的长短只是相对的。职业病事件的发生虽然有时是长期的、慢性的，如某职工在有粉尘的不清洁环境中工作了 5 个月，若干年后发现此职工得了职业病，这 5 个月的工作时间对从业人员整个职业生涯来说是短暂的或者突然的，但是得职业病这个事件是意外的和带来损失的，符合事故的定义，所以职业病事件可以当作事故来对待。把职业病放在安全学科中讨论虽有些牵强，但目前尚无其他专门学科从人体以外的方面（工作与生活的环境、方式等）研究职业病的预防措施。在职业病预防医学领域中，医务人员一般会告诫实施接触职业病危害因素的职工定期检查，并建立健康监护档案，以及时减少职业伤害，注重的多是人体内部的问题。

在我国的国家标准 GB 6441—1986《企业职工伤亡事故分类》等事故分类、分级的相关法律法规中，都没有明确指出安全事故和职业病的区别。一般认为，造成急性伤害（Traumatic Injury）的事件称为事故，而在工作中造成慢性疾病的称为职业病（Occupational Disease/Illness），但是在法律法规和标准中并没有用时间长度对"急性"和"慢性"进行严格分界。因此，可以把人体以外的职业病预防问题与引起急性伤害的事故预防问题不做区分地放在一起研究。事实上，各类组织的安全管理事务中也是把安全、健康放在一起，由同一个部门来管理的。

第二节　事故的分类与分级

一、按照人的意志分类

根据人的意志对事故发生的作用，可以把事故大致分为三类。第一类事故是人为主动策划、操控出来的，如越境事件、社会治安事件等。这类事故（事件）给受害人带来损失，对受害人来说是事故，但却给策划者带来收获，所以对策划者来说是成功事件，而不是事故，英文可以称为 Security Accident。要预防这类事故的发生，预防者的智力、能力等必须超出策划事故（事件）的人。第二类事故不是人为主动策划、操控出来的，是人类各种业务、生活活动带来或者造成的，给人带来损失。如果人类不活动，这类事故就不会产生；人类通过妥善安排活动，这类事故就能够得以避免，英文可以称为 Safety Accident。第三类事故是自然灾害，英文称为 Natural Disaster，其发生原因主要是人类无法控制的自然界运动，如地震、风灾等。对于这类事故，人类虽无法控制其发生，但却能通过妥善安排而减少其损失，如汶川地震中，桑枣中学就通过各种措施避免了其师生的伤亡。这类事故，不是人为主动策划出来的，但人类的活动会对此类事故发生的概率或者严重性产生一定影响，如经济开发工程对生态的影响有可能促成某些自然灾害的发生。对于这类事故，重点在于防范事故后的损失，充分估计人类活动的影响也有助于控制其发生。上述三类事故的原因解释中，分别重点使用了"主动策划""人类活动""自然界运动"三个关键词。这三类原因虽然有时会交织在一起而导致事故，但如果充分尊重科学，还是基本能够把事故类型区分开来的。

二、按照内容和范围分类

在我国经常使用的事故概念还有安全生产事故、生产安全事故、公共安全事故、职业安全事故等，都是非基本概念。它们是指不同内容范围的事故。"生产安全事故"是指我国政府安全生产监督管理系统（由国家级直至区县级的安全生产监督管理机构组成的一个行政系统，下同）涉及、管理的事故。《中华人民共和国安全生产法》（2014 年）规定的生产安全事故，是指在生产经营活动中造成人身伤亡（包括急性工业中毒）或者直接经济损失的事故；"安全生产事故"是泛指的事故，没有确定的范围；"公共安全事故"则是更大范围的事故，更没有确定的范围；"职业安全事故"在我国没有严格的范围界定，在美国则是指在工作时间、工作场所，由于工作原因引起的事故。职业安全事故与工作密切相关（Work‐related）。

除此以外，还可以按照事故的主要损失类型把事故分成人身事故（带来的损失是人员的安全健康损害）、经济事故（带来经济损失）、环境污染事故/突发环境事件（带来环境破坏）、质量事故（带来质量不合格）、安保事故（带来人的生命与健康损害）等。这些事故类别并不是完全独立的，其损失也会有交叉和重叠，但日常习惯上依然这样表达。这些事故的概念在很大程度上具有"行政色彩"，由不同的行政体系进行管理，在不同的行政管理领域，叫法也不同。

三、生产安全事故的分级——按照事故等级分类

按照安全事故所造成的损失量的大小，在口语上人们使用不同的词汇描述事故的大小，由轻微到严重依次是未遂事故、过错或惊吓即危险迹象（Near Misses）、可能引起事故及没有造成损失的事件（Incident）、事故（Accident）、灾难（Disaster）、灾害或者大灾难（Catastrophe）等。但对于我国政府安全生产监督管理系统所管理的生产安全事故，有法定的分级规定。

为了便于生产安全事故的调查和处理，2007年4月颁布、6月实施的国务院493号令《生产安全事故报告和调查处理条例》中，把生产安全事故分成四个级别，分别是特别重大事故、重大事故、较大事故和一般事故。分级表明，只要一个生产安全事故造成的死亡人数、重伤人数、经济损失量其中之一确定，该生产安全事故就可以被划分为该级别，见表1—1。

表 1—1　　　　　　　　　国务院 493 号令对事故的分级

死亡人数（X）	重伤人数（Y）	经济损失量（Z）	事故类别
$X \geqslant 30$	$Y \geqslant 100$	$Z \geqslant 1$ 亿元	特别重大事故
$10 \leqslant X < 30$	$50 \leqslant Y < 100$	5 千万元 $\leqslant Z < 1$ 亿元	重大事故
$3 \leqslant X < 10$	$10 \leqslant Y < 50$	1 千万元 $\leqslant Z < 5$ 千万元	较大事故
$X < 3$	$Y < 10$	$Z < 1$ 千万元	一般事故

应该注意到，表1—1对生产安全事故的分级还不够精准，但用于该类事故的报告与调查处理应该基本够用。493号令还规定，生产安全事故发生后，首先得知情况的现场有关人员必须向本单位负责人报告；单位负责人接到报告后再向事故发生地县级以上人民政府安全生产监督管理部门和负有安全生产监督管理职责的有关部门报告。表1—1的分级也用于事故调查，《生产安全事故报告和调查处理条例》中依据事故的严重程度规定，特别重大事故由国务院或者国务院授权有关部门组织

事故调查组进行调查。重大事故、较大事故、一般事故分别由事故发生地省级人民政府、市级人民政府、县级人民政府负责调查。省级人民政府、市级人民政府、县级人民政府可以直接组织事故调查组进行调查，也可以授权或者委托有关部门组织事故调查组进行调查。对于未造成人员伤亡的一般事故，县级人民政府也可以委托事故发生单位组织事故调查组进行调查。事故处理时，依据死亡人数的不同，派遣相应级别的官员或机构进行处理。但有关法规中没有严格规定死亡多少人应由多高级别的人参与处理。虽然有些大型企业或单位有规定，但是不够科学，责任划分也不够明确，在现实中操作起来尚有一些困难。

表1—1中的生产安全事故分级用于事故预防时是有一定困难的，典型的问题是没有规定一般事故的损失量下限，统计范围不能确定，也不易统计。统计困难会使应用安全累积原理预防重大事故发生困难。也有国外学者认为我国一般事故的界定不合理，他们认为只要有人受伤或死亡就应该予以足够重视，不应该称为一般事故。

四、按照事故发生的行业和领域分类

根据国家统计局每两年批准一次的《生产安全事故统计报表制度》统计在中华人民共和国领域内发生的生产安全事故，并按照事故发生的行业和领域将事故分为十类。

1. 工矿商贸企业生产安全事故：从事生产经营活动中发生的造成人身伤亡或者直接经济损失的生产安全事故。

2. 火灾事故：全部的火灾事故（不含森林、草原火灾）。

3. 道路交通事故：全部道路交通事故。

4. 铁路交通事故：铁路机车车辆在运行过程中与行人、机动车、非机动车、牲畜及其他障碍物相撞，或者铁路机车车辆发生冲突、脱轨、火灾、爆炸等影响铁路正常行车的事故。

5. 水上交通事故：中华人民共和国沿海水域和内河通航水域发生的水上交通事故及中国籍船舶在境外水域发生的水上交通事故。

6. 民航飞行事故：在公共航空运输过程中，自登上航空器准备飞行起，直至到达目的地离开航空器为止的期间内发生的与该航空器运行有关并导致人员伤亡或财产损失的事故。

7. 农业机械事故：各统计单位所辖区域内的国有、集体和个体全部农林牧副渔业生产单位，由农业机械发生的生产安全事故。

8. 渔业船舶事故：各海区渔政渔港监督管理机构和内陆水域各省级渔政渔港

监督管理机构辖区内发生的渔业船舶水上事故。

9. 房屋建筑及市政工程事故：房屋建筑和市政基础设施工程中发生的生产安全事故。

10. 特种设备事故：因特种设备本身或外在（人为）因素导致特种设备爆炸、损毁、失效、缺陷、故障而造成人员伤害、财产损失或者重大影响的突发事件。

此项分类将在本书中第二章进行详述。

五、按照事故原因分类

根据国家标准 GB 6441—1986《企业职工伤亡事故分类》将事故分成以下 20 类：物体打击、车辆伤害、机械伤害、起重伤害、触电、淹溺、灼烫、火灾、高处坠落、坍塌、冒顶片帮、透水、放炮、瓦斯爆炸、火药爆炸、锅炉爆炸、容器爆炸、其他爆炸、中毒和窒息、其他伤害，见表1—2。

表 1—2　　　　　　　　企业职工伤亡事故分类

序号	事故分类	解释
1	物体打击	落物、滚石、撞击、破裂、崩块、砸伤，不包括爆炸引起的物体打击
2	车辆伤害	包括挤、压、颠覆、行驶中上下车，搭乘矿车、防飞车、车辆运输挂钩、跑车等
3	机械伤害	包括铰、碾、割、戳等伤害，但属于车辆、起重设备的情况除外
4	起重伤害	各种起重作业引起的机械伤害，不包括触电、检修时制动失灵引起的伤害和上下驾驶室时引起的坠落式跌倒
5	触电	电流流过人体或人体与带电体之间发生放电引起的伤害，包括雷击、触电
6	淹溺	各种作业中落水及非矿山透水引起的溺水伤害，适用于船舶、排筏、设施在航行、停泊、作业时发生的落水事故
7	灼烫	火焰烧伤、高温物体烫伤、化学物质灼伤、射线引起的皮肤病等，不包括电烧伤及火灾引起的灼伤
8	火灾	造成人员伤亡的企业火灾事故，不适用于非企业原因造成的火灾
9	高处坠落	包括由高处落地和由平地入地坑，但排除以其他类别为诱发条件的坠落
10	坍塌	建筑物、构筑物、堆置物倒塌及土石塌方引起的事故，适用于因设计或施工不合理而造成的坍塌，不适用于矿山冒顶、片帮及爆炸、爆破引起的坍塌事故
11	冒顶片帮	指矿山开采、掘进及其他坑道作业发生的顶板冒落、侧壁垮塌
12	透水	适用于矿山、地下开采及其他坑道作业发生时因涌水造成的伤害，适用于井巷与含水岩层、地下含水带、溶洞或被淹巷道、地面水域相通时，涌水成灾的事故，不适用于地面水害事故

序号	事故分类	解释
13	放炮	由放炮作业引起的，包括因爆破引起的中毒
14	瓦斯爆炸	包括瓦斯、煤尘与空气混合形成的混合物的爆炸，适用于煤矿，空气不流通，瓦斯、煤尘积聚的场合
15	火药爆炸	火药与炸药在生产、运输和储藏过程中的意外爆炸
16	锅炉爆炸	适用于工作压力在 0.07MPa 以上、以水为介质的蒸汽锅炉爆炸，不适用于铁路机车、船舶上的锅炉以及列车电站和船舶电站的锅炉
17	容器爆炸	包括容器的物理爆炸和化学爆炸
18	其他爆炸	凡不属于上述爆炸的事故，可燃性气体、蒸汽、粉尘等与空气混合形成的爆炸性混合物的爆炸；炉膛、钢水包、亚麻粉尘的爆炸等
19	中毒和窒息	适用于职业性毒物进入人体引起的急性中毒、缺氧窒息性伤害，不适用于病理变化导致的中毒和窒息事故、慢性中毒的职业病导致的死亡
20	其他伤害	上述范围之外的伤害事故，如冻伤、扭伤、摔伤、野兽咬伤、钉子扎伤等

我国现行标准中进行事故类别划分时，也考虑到了事故往往是由多因素导致的现象。在事故类别划分过程中，必须参照标准中的起因物和致害物。当多原因共存时，应以先发的、诱导性原因作为分类依据，并在分类时突出事故的专业特征，以保证事故类别划分的统一性和正确性。

1. 以起因物作为事故类别划分的依据。譬如，压力容器因化学反应失控发生了爆炸并溢散出大量有毒气体，造成多人中毒的伤亡事故，起因物是压力容器，致害物是有毒气体，按致害物划分应定为中毒事故；按起因物划分应定为容器爆炸事故。此例如按中毒采取事故预防措施显然是不适宜的；若按容器爆炸采取相应措施，就有利于事故的控制。又如，爆炸事故中，因碎片的撞击引起人身伤害，按致害物运动形成定为"物体打击"，若按起因物应划定为××爆炸事故。按本条原则划定就可以派生出凡因爆炸而发生的物体打击均定为爆炸事故。

2. 当几个主要原因同时存在时，以先发的诱导性原因（即这一原因撤掉，其他原因的作用就不复存在）作为分类的依据。如，某化工厂失火，烧掉了部分厂房和设备，而且引燃了化学物品，产生了大量有毒气体，使多人中毒伤亡，造成伤亡的主要原因是中毒和火灾。对整个事故而言，火灾是诱发性原因，没有火灾就不会引燃化学物品。按本条款应定为火灾事故。又如，某施工队砌筑高大工业烟囱，因附属设施坍塌，多人从高处坠落，造成重大人身伤亡事故。造成事故的原因是高处坠落或坍塌。因为坍塌是诱发性原因，没有坍塌作为前提，就不会产生高处坠落事故，所以应定为坍塌事故。

3. 突出事故类别的专业特征。如操作机床时，未使用安全扳手，卡盘夹紧后，未取下扳手即开车，结果扳手飞出伤人。该事故如按致害物划分可定为物体打击，而按起因物机械设备划分，则更能突出事故的专业特征，故应定为机械伤害。如机械设备属于起重设备，按本条原则，应定为起重伤害。

同时，还应知道，现行的事故类别划分方法并不是完美无缺的，它存在着分类的定义和概念不甚统一等问题。如类别划分中的起重伤害、车辆伤害、机械伤害、锅炉爆炸和其他爆炸是按爆炸原因（特性）分类；还有按致害物进行的分类，如机械伤害、火灾、透水等。这同时也反映出各类别间的界限不甚清楚，存在着交叉问题。此外，还存在着部分分类不具普遍性，仅局限于某些行业或某种装置，以及有的分类定义太笼统等弊病。如"物体打击"中的物体既可指落下物又可指飞来物，既包括建筑上的，又包括林业及其他行业中的，可以说是包罗万象，故从该项中极难得出有益于事故预防的结论。

欧美国家将职业安全事故分为致命、非致命（分为损工、非损工）等级别；根据事故的直接原因，可将事故分为不安全物态引起的事故（此类事故又可以分为物理、化学、生物机制引起的 3 种事故）、不安全动作引起的事故等。

第三节　危险源和风险的概念

一、危险源

危险源（Hazard）是事故发生的根源，等于隐患，包括危险因素和有害因素。危险因素一般指造成人的急性伤害（Traumatic Injury）或短时间内导致人员死亡的因素；有害因素一般指引发人的慢性疾病（Illness）的因素。2013 年发布的《职业病分类和目录》中规定的 132 种职业病，均属慢性伤害。急、慢性伤害之间并没有严格的时间界线，因此，也不能够严格区分危险因素和有害因素。在实际应用和安全科学理论中，常常把二者不加区分地统称为危险源，职业病和安全事故的预防和处理事实上也是在一起进行的。

危险源的含义非常广泛，它可以是不安全的物态，有确定的物理位置，比如建筑工地破坏了的安全网、空气中的粉尘等；也可以是人的不安全动作，如检修工在检修中的不安全动作等。这些都是可见的。还有不可见的意识上的危险源，要经过深入分析才能发现，比如根据某管理层员工的决策行为可以发现他"没有把安全放在最重要的位置""做事情不是首先考虑安全";又如工厂中某个工人因心理焦虑、家庭生活困难而注意力不集中,在工作中导致了手被车床夹伤事故。这其中的思想、心理上的问题也是事故的根源,也是危险源。类似的还有管理安排不当、缺乏安全意识、知识不充分等,都可以看作是危险源。

总之,危险源定义中并没有说它是事故的直接、间接还是根本或根源原因,只是一般性地说是事故的根源。我国使用较多的概念还有隐患。隐患不是一个独立的概念,它其实就是危险源,试图把隐患翻译成英文的做法也没有意义。一个需要解释的问题是,到底可能引起事故的整个物体是危险源还是物体上的缺陷是危险源,尚有争议,但应该是后者。例如,尽管煤气罐危险,但它本身不是危险源,其上面缺陷(泄漏点等)才是危险源。

国家标准 GB/T 13861—2009《生产过程危险和有害因素分类与代码》把危险源分成四大类:第一大类是"人的因素",包括心理、生理、行为、动作性危险和有害因素;第二大类是"物的因素",包括物理、化学、生物性危险和有害因素;第三大类是环境的危险和有害因素,将 GB/T 13861—1992 中的多种作业环境不良调整为三类,分别是室内、室外和地下作业场所环境不良;第四大类是"管理因素",主要包括职业安全卫生的组织机构、责任制、管理规章制度、安全投入、职业健康管理缺欠。

危险源也可按导致职业病的因素进行分类,国卫疾控发〔2013〕48 号《职业病分类和目录》规定了 10 类职业卫生(健康)有害因素,即粉尘类、放射性物质类(电离辐射)、化学物质类、物理因素类、生物因素类、导致职业性皮肤病的、导致职业性眼病的、导致职业性耳鼻喉口腔疾病的、职业性肿瘤的职业病有害因素、其他职业病有害因素,它们和其所引起的 10 类职业病(2013 年的《职业病分类和目录》)是对应的。10 类职业病是:职业性尘肺病及其他呼吸系统疾病、职业性放射性疾病、职业性化学中毒、物理因素所致职业病、职业性传染病、职业性皮肤病、职业性眼病、职业性耳鼻喉口腔疾病、职业性肿瘤、其他职业病。

同理,危险源的分类也可以按照引起事故的因素进行分类,GB 6441—1986《企业职工伤亡事故分类》中将事故分为物体打击、车辆伤害等 20 类,危险源也就是 20 类。不过,按照职业病、事故因素分类的危险源,基本都没有心理行为、管理方面的危险源,因此也是不全面的。

二、风险

1. 关于风险的概念和计算

风险（Risk）是事故发生的可能性和其后果的乘积，它是危险源危险程度的衡量。也可以说风险是一种不确定性（Uncertainty），风险管理（Risk Management）或者不确定性管理（Uncertainty Management）就是处理和解决不确定性，这两种说法并不矛盾，危险源的不确定性可由危险程度衡量。

风险有多种计算方法，典型的计算公式有 $R=P\cdot C$、$R=f（P，C）$ 以及 $R=f（P，C，E）$。其中 R（Risk）为风险值，无量纲；P（Probability）为危险源导致事故发生的可能性（概率）；C（Consequence）代表事故所造成的后果即损失率，常用经济损失来表示；E（Exposure）代表与危险源的接触概率，目前尚无法计算；f（Function）仅仅代表一种抽象的函数关系。P 和 C 都是很难得到的。于是，人们通常根据过去的事故统计，得到事故发生的频率和事故损失率，并用它们代替 P 和 C，并代入公式 $R=P\cdot C$，从而计算出或者估计出 R 的数值。$R=P\cdot C$ 是一种很简单的乘法运算，而 $R=f（P，C）$ 以及 $R=f（P，C，E）$ 并未实质性地具体给出计算方法，所以这两个公式事实上无法使用，只是一种含义表达。

上述公式表示的是危险源的绝对风险值的计算方法，事实上很少使用。多数情况下，应用的是相对风险，即人为地规定事故发生的可能性、损失大小等级，计算得到一个危险源的风险值，再规定风险值的等级，以此为基准，再确定其他危险源的相对风险值，以估计其他危险源的危险程度。

2. 风险矩阵

在进行某一个具体过程（Process）或者某一个危险源的危险性评价（Risk Assessment）时，常用到风险矩阵，这是风险管理最明确、最常用的应用。由于不同的主体对风险的承受能力不同，人们对于风险的认识也不一样，例如同样100万元等级的经济损失，小型私企可能将其严重性归于不可接受，而大型企业则可能将其归于可以容忍，因此不同的主体应该定义自己的风险等级，形成自己的风险矩阵。其中事故发生可能性、损失严重程度的分级及风险值的分级标准都可以使用自己的标准，建议最多分5级。

图1—2所示是一个风险矩阵的应用例子。风险矩阵的第一列是事故发生的可能性（P），图中分为很可能（$P=4$）、可能（$P=3$）、不可能（$P=2$）、根本不可能（$P=1$）四个级别；第一行是事故可能造成的损失大小（即危险性，用损失率 C 表示），也即事故损失的严重性，图中分为轻微损失（$C=1$）、中等损失

（C＝2）、严重损失（C＝3）三个级别。事故发生的可能性和严重性的乘积（交点的值）便是该危险源的危险程度衡量，即根据风险值的大小可以判断该危险源的危险程度。图中定义 R＝12 时是最危险，R＝6～9 时危险，R＝2～4 时较危险，R＝1 时安全。这样就可以评价某个危险源或者某个过程的危险程度，并根据相应的级别采取措施。

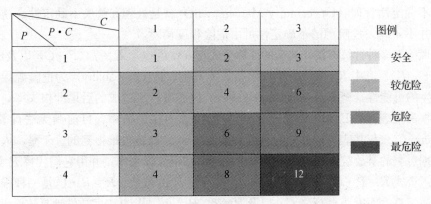

图1—2　风险矩阵的应用

3. 企业整体风险

企业整体风险的管理是 20 世纪 90 年代提出的风险管理新思想，整体风险管理关注企业生产经营活动中可能遇到的各种风险。企业整体风险的管理符合企业发展的需要，提高了企业抗击风险的综合能力。一个企业整体上发生事故（指广义事故，各种各样的事故）的可能性与后果的乘积就是这个企业的整体安全风险。它实际上是把企业整体视为一个危险源。可参考 ISO31000：2009《风险管理－原则与指南》标准（中文版），英文版名称为"AS/NZS ISO 31000：2009 Risk Management Principles and Guidelines"。

第四节　安全与危险的概念

安全是由事故来定义的，所以安全是非基本概念。

一、从内容上理解安全的含义

"安全"实际上是"安全与健康"的简称。事故会对人造成急性伤害使人不安全，疾病会对人造成慢性伤害使人不健康。但事实上，目前对"急性"和"慢性"

并没有严格的区分界线，因此，在生产、生活中人们对安全和健康都是同时关注的，并且实施的管理手段也一般是对两者都同时适用的。

　　说起安全，人们可能指组织、设备、设施、时间段、空间范围等的"状态"是否安全，例如，"某单位安全怎么样"这句话就是在问这个单位的状态是否安全、安全业绩怎么样；同时，安全也可能指一个"业务领域"即"安全工作"，例如，说"某人在单位管安全"，这里的"安全"指的就是他的工作或者业务。以下重点讨论安全状态。

　　就"状态"来说，人们常说"无危则安，无损则全"，即没有"危险"、没有"损失"的状态就是安全状态。但事实上，何为"危"、何为"损"，没有定量的含义，而完全的"无"也是不可能的。这样"哲学地"探讨，比较困难，也比较空泛，对实际工作也并无多大帮助。教科书和"百度百科"均可查到的常见定义是，"安全是人们免遭不可接受风险的状态"。风险可以进行测量，衡量风险的可接受与否，可以使用"事前指标（Leading Indicators）"，如上节的风险值、一定时期内识别出的危险源数量、执行安全监察的次数、完成安全培训的人次数或者时间等，但从实际应用情况来看，"事前指标"在各个社会组织中的设定一般都不相同，因此不具有可比性。如果使用"事后指标（Dragging Indicators）"来描述风险是否可被接受，一般在各个社会组织间甚至在各个国家间都是可以相比较的。例如，国内外常用的"事后指标"有事故死亡人数、受伤人次数、歇工天数等职业安全绝对指标以及与之相对应的相对指标，这可以在各单位甚至各国间进行比较。其实，无论是使用"事前指标"还是"事后指标"，安全都具有相对性，也就是说，在不同的社会发展阶段、不同的科学技术发展水平下，人们对风险水平也即风险值的"可接受"与"不可接受"的看法是不同的，而且不同的人对于组织风险的可接受程度也不相同。但是，当组织一旦建立了风险水平标准，其可接受风险水平也就确定了，组织成员就必须遵守。

　　据以上归纳，可以说，没有事故及事故发生可能性的状态即"事后指标""事前指标"均为零的状态就是安全状态，这一点是可以确定的。这个定义比较实用。关于事故定义的论述，见本章第一节。

二、从范围上理解安全的含义

　　根据研究的范围不同，安全可分为安全生产、生产安全、公共安全、职业安全等，它们都是涉及事故及其后果的学科、工作领域或者工作活动，只不过涉及的事故范围和类别不尽相同，下面分别讨论其含义。

1. 安全生产

"安全生产"这个词经常被人们提及，但是它的含义却相当令人困惑。据有限记载，1952年12月23～31日在北京召开的第二次全国劳动保护工作会议上，时任国家劳动部部长的李立三提出"劳动保护工作必须贯彻'安全为了生产、生产必须安全'的安全生产方针"（这里涉及的是"劳动保护"工作，但却使用"安全生产方针"，有些矛盾，似乎不太严密——作者注），自此，"安全生产"一词便被沿用至今。当时说的"安全生产"，实际上指的是"安全"和"生产"两件事情，而提出"方针"的目的就是要求在工作中将这两件事情结合起来做好。和以前不同，现在日常中所说的"安全生产"基本上是泛指"涉及事故的学科、工作领域或者工作活动"，主要指"安全"这一个方面，不太涉及"生产"方面。

所以，"安全生产"可以定义为安全生产是涉及事故及其后果的学科、工作领域或者工作活动。根据第二章中按人的意志对事故发生作用对事故进行的分类，"安全生产"主要涉及第二类事故，部分地涉及第一类事故和第三类事故，涉及的范围取决于"行政规定"。"安全生产"这个概念本身并没有指定其涉及的事故类别、地理或者行政管辖范围等，所以"安全生产"是一个不太严格的"泛指性"名词，无法也无必要追究其科学定义，因为它本身就不是一个科学概念。如果说它是一个概念，那最多只能说它是一个"行政"概念（本文所用的行政概念、科学概念、半科学概念，与科学性无关，只用他们来描述概念的不同来源），就是"怎么规定怎么办"。各个组织（"国家"也是一个组织）都可以有自己独特的规定。一旦规定了"安全生产"所涉及的事故范围，实际工作中就必须涉及这些事故。另外，"安全生产"这个名词仅在我国使用，所以没有准确的英文词汇和它相对应。

2. 生产安全

"生产安全"这个名词也是仅在我国才使用的，同样没有准确的英文词汇与之对应。它也是一个"行政"概念，而非"科学"概念，因为它是"涉及国家安全生产监督管理系统管理的十大类事故（生产安全事故）的统计、预防、调查、处理等业务的学科、工作领域或者工作活动"。由国家统计局批准、国家安全生产监督管理总局制定的《生产安全事故统计报表制度》规定，国家安全生产监督管理总局只统计、管理十大类事故，这十类事故分别是工矿商贸事故、火灾事故、道路交通事故、水上交通事故、铁路交通事故、民航飞行事故、房屋建筑及市政工程事故、农业机械事故、渔业船舶事故、特种设备事故，其他的事故都各有行政部门涉及。

从以上解释可以看出，"生产安全"比"安全生产"的含义要"窄"很多，但其研究范围或者涉及的范围却是十分明确的，能够在工作中进行实际应用。根据本章第二节按人的意志对事故发生作用对事故进行的分类,生产安全只涉及第二类事故。第一类事故不为生产安全所涉及,第三类事故,如果能够完全确定为由自然因素引起,就也不为生产安全所涉及,因为在其灾后重建过程中,政府安全生产监督管理系统一般仅起辅助作用,而并非主管部门。

3. 公共安全

"公共安全"这个词汇在国际上是存在的,其对应的英文词语是 Public Safety,它实际上是 Public Safety and Health 的简称。它可以定义为"研究或者涉及社会上一切事故的学科、工作领域或者工作活动"。它广泛涉及社会上发生的一切事故,包括经济安全、学习、生产和工作场所安全、环境安全、公共卫生安全,没有固定的事故类别范围、地理或行政边界,但人们一般的理解是,公共安全所涉及的事故范围比较大。按照第二节按人的意志对事故发生作用对事故进行的分类,"公共安全"涉及所有的三类事故,比"安全生产""生产安全"涉及的事故内容都要多。公共安全是一个广义的范畴,涵盖了整个社会的安全体系,而安全生产只是其中的一个子系统,是构成公共安全的一个组成部分。

安全生产和公共安全的关系首先是因果关系。通常,公共安全事故是由一些重特大安全生产事故引发的,如 2005 年 11 月 13 日,某公司双苯厂苯胺装置的硝化单元发生爆炸,造成 8 人死亡、60 人受伤,直接经济损失达 6 908.28 万元。事故泄漏出来的部分物料和循环水及抢救事故现场消防水与残余物料的混合物流入松花江,100 t 左右的强致癌物质苯、硝基苯流入松花江,导致下游松花江沿岸的大城市哈尔滨、佳木斯,以及松花江注入黑龙江后的沿江俄罗斯大城市哈巴罗夫斯克等面临严重的城市生态危机,这是我国首例城市生态危机事件,并殃及外国。其次,对于预防公共事故和公共事故的应急救援方面,安全生产是公共预防的基础。加强对安全生产的监管,消除事故隐患,预防或减少安全生产事故的发生是保障公共安全的重要途径。生产单位内部的应急救援机制侧重于有效控制事故的发展和人员的伤亡,公共安全的应急救援机制侧重于保护其他不特定多数人免受因事故带来的损害。一旦发生对公共安全构成威胁的安全生产事故,公共安全的应急救援机制应在安全生产事故的应急救援机制的基础上联动才能有效遏制安全生产事故危害的扩大,保障社会公共安全。

4. 职业安全

"职业安全"的概念,在国际上是有的。尽管其字面上写的是"职业安全(Occupational Safety)",但实际上它是"职业安全与健康(卫生)(Occupational Safety and Health,OHS)"的简称。它可以定义为"研究或者涉及工作过程中所发生的人员伤害、健康损害（疾病）的学科、工作领域或者工作活动"。

在我国，虽然专业人士常使用这个词汇，但是事实上没有严格规定哪些伤害、事故是职业安全所涉及的范围。国际上规定"与工作密切相关性（Work－related）"的事故或者伤害属于"职业安全"。可以确定，不与工作相关的伤害或者健康损害，不是职业安全的涉及范围，这从美国的美国职业安全与健康管理局（Occupational Safety and Health Administration，OSHA）、美国矿山安全与健康管理局（Mine Safety and Health Administration，MSHA）、美国劳工部统计局（Bureau of Labor Statistics，BLS）的统计表中就可以看得出来。

职业安全与自然灾害的关系是：如果自然灾害引起的人员伤害、人员的健康损害是人员正在工作过程中发生的，那么这个伤害或者损害就被计入职业安全统计；如果伤害、损害不是人员正在为某组织工作中发生的，则不被计入职业安全统计，也不是职业安全涉及的对象。因此，按照第二节中按人的意志对事故发生作用对事故进行的分类，只要是工作中发生的事故，就为职业安全所涉及，而不管它属于第几类事故。

实际上，尽管上面阐述的职业安全的定义听起来明确，但用起来也有不明确的一面。例如，到底哪些伤害与工作相关，伤害、损害是发生在哪些人的身上等，这还得依靠行政规定才能确定。因此，上面职业安全的定义也具有一定的"行政（规定）"色彩，将其称为"半科学概念"是比较合适的。

三、危险的含义

前面解释"安全"时，一方面可能指工作或者业务领域，另一方面可能指"状态"。就状态方面而言，没有事故及事故发生危险性的状态即"事后指标""事前指标"均为零的状态就是安全状态。相反，有事故及事故发生危险性的状态即"事后指标""事前指标"不为零的状态就是危险状态。危险状态和安全状态，很显然是相对应的一对概念，都是用事故及其发生的危险性来定义的，所以它们都不是基本概念。

第五节　其他概念

一、系统安全

系统定义为相互联系、能达到一定的、具有独立功能的部分组成的有机整体。

系统安全一般指安全系统工程这门学科或者其中的工作方法，如安全检查表法、事故树方法、事件树方法、危险与可操作性方法等。这门学科有人称为安全系统工程，也有人称为系统安全工程，但实际上英文翻译只有一个，即 System Safety。这门学科产生于 20 世纪 50 年代的美国，主张应用系统工程的方法在产品设计、原料采购、产品制造、产品销售和使用等全过程中来管理存在的安全问题，其研究范围是产品，产品系统或者工程系统。一个工程系统中可能有多个组织参与，一个组织也可以参与多个工程系统。与安全系统工程不同的是系统化安全管理。系统化安全管理以组织为研究范围，不是从产品，产品系统或者工程系统的角度来研究的。系统化安全管理实际上是以标准化管理体系（如 OHSAS 18000 系列标准）来管理组织的安全与健康。

二、本质安全

"本质安全"一词来源于电气设备的类型。按照国家标准《爆炸性环境　第 1 部分：设备通用要求》（GB 3836.1—2010）所述，专供煤矿井下使用的防爆电气设备分为隔爆型、增安型、本质安全型等。本质安全型电气设备的特征是其全部电路均为本质安全电路，即在正常工作或规定的条件下产生的电火花和热效应均不能点燃规定的爆炸性气体或其混合物的电路。也就是说该类电气设备不是靠外壳防爆，也不是靠充填物防爆，而是靠其自身的、只产生不引起爆炸事故的低能量火花的电路（见图 1—3）防爆。引申到企业，本质安全型企业就是主要靠企业本身（含其员工行为、管理体系、企业文化等），而不是靠外界监管等外部条件来预防事故的企业。

图 1—3　设备的外壳、填料与内部电路示意图

也有另一种观点，认为人是最不可靠的，而设备、设施等硬件手段是可靠的。因此认为本质安全就是靠设备设施等"硬件"手段来预防事故的。还有的观点认为，不出事故的企业就是本质安全型企业。

尽管当前对本质安全有许多不同理解，但本质安全强调内在、本质、固有的事故预防能力的这个观点是被大家所认同的。本质的事故预防能力可以使人类活动中即使有人员误操作或设备故障的情况下也不会发生事故，实现理想的安全状态。

总之，本质安全与事故发生与否有关，所以也不是安全学科的基本概念。

三、劳动保护科学与安全科学的差别

劳动保护科学技术研究社会组织对劳动者个人进行保护的内容，它包括多个方面，如组织与劳动者必须签订合同、劳动者必须有充分的休息时间、有最低工资保障，女工、童工必须有特殊保护，当然还有安全健康方面的保护等。劳动保护科学技术对应劳动法规体系。安全科学技术以事故为研究对象，目的在于预防事故。这里的事故包括组织内发生的各类事故，有的给组织带来经济损失或者环境破坏，有的给员工个人带来个人安全、健康损害，在我国对应安全生产法规体系。这就是这两个学科的区别。此外，这两个学科都包含研究员工个人的安全和健康方面的内容，也就是内容的交叉部分。这种区别和联系可由图1—4来表示，图中的交叉部分即为职业安全。

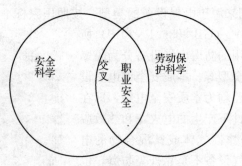

图1—4　劳动保护科学与安全
科学的区别与联系示意图

思考题

1. 简述事故的定义，并举出事故案例。
2. 简述事故"意外"的认识。
3. 简述事故的普遍性与安全科学的普遍性。
4. 简述事故和职业病、自然灾害的关系。
5. 简述事故的损失及其普遍性，各国规定的事故统计标准。
6. 简述事故按照发生中人的意志和内容分类。
7. 简述事故按严重程度的分级和分级存在的问题。

8. 简述我国事故的分级。

作业与研究

1. 很多标准对事故都有例外的规定，阅读 GB 6441—1986《企业职工伤亡事故分类》和 GB 6442—1986《企业职工伤亡事故调查分析规则》适用范围部分，研究存在哪些例外情况。

2. 研究国务院 493 号令《生产安全事故报告和调查处理条例》中事故的分级。

第二章　事故统计与安全指标

本章目标

掌握我国的事故统计和安全指标，了解国外的工作事故统计、事故统计改革建议以及我国的安全生产状况。

第一节　我国的事故统计和安全指标

各种各样的事故，如质量事故、环境污染事故/突发环境事件、职业病事故、自然灾害事故、食品安全事故、医疗事故、治安事故或者事件等，它们既存在于业务活动当中，也存在生活当中。预防、处理上述事故，统计并分析事故原因是基础。在我国，预防事故也就是安全管理的具体业务分散在从中央到地方纵向管理的各个行政主管部门，因此在事故统计上，各个部门也必然会按照其管辖业务有相应的专项统计。本节所讲的事故统计，仅限于我国政府安全生产监督管理系统直接、间接管辖的十类事故，这十类事故称为生产安全事故。

一、生产安全事故的定义

生产安全事故的统计是根据《生产安全事故统计报表制度》统计在中华人民共和国领域内发生的生产安全事故。为充分理解这个统计范围，有必要详细讨论生产安全事故的定义。

中华人民共和国主席令第十三号《中华人民共和国安全生产法》（2014 年）（以下简称《安全生产法》）规定的生产安全事故是指在生产经营活动中造成人身伤亡（包括急性工业中毒）或者直接经济损失的事故。《生产安全事故统计报表制度》中定义的生产安全事故是指"生产经营单位（包括企业法人、自然人、不具有企业法人资格的生产经营单位、个人合伙组织、个体工商户以及非法违法从事生产经营活动的生产经营主体）在生产经营活动中发生的造成人身伤亡或者直接经济损失的事故，属于生产安全事故。"两个生产安全事故的定义基本一致，只是"生产经营单位"一词范围不同，《安全生产法》中是指从事生产或者经营活动的企业、事业单位、个体经济组织及其他组织和个人；《安全生产法》中的生产经营单位的范围比《安全生产事故统计报表制度》中的生产经营单位的范围广，包括事业单位等。定义中使用的"生产经营活动"是一个广义的概念，它是指企业、事业等单位的业务活动。

这些官方表达都相当烦琐，也不够清楚，其实把"生产经营单位"理解为"社会组织"，把"生产经营活动"理解为社会组织的"业务活动"，则"生产安全事故"就是"社会组织业务活动中发生的事故"了。当然，社会组织的哪些活动、什么时间段的活动算是其业务活动应该给予明确规定，但是现行的《安全生产法》《生产安全事故统计报表制度》并没有做这个规定。

二、生产安全事故的分类和统计

1. 生产安全事故的分类

生产安全事故分为十个大类进行管理和统计（见表 2—1）。其中的第 1 类事故（工矿商贸事故）由各地安全生产监督管理部门负责统计和逐级向其上级部门报送，最终报送至国家安全生产监督管理部门，第 2～10、共九类专项事故则由各地专项事故主管部门负责统计和逐级向其上级部门报送，最终报送至国家级专项事故主管部门，各级专项事故主管部门向其上级部门报送数据时也要抄送给当地同级的安全生产监督管理部门，当地同级安全生产监督管理部门用当地十类事故数据综合得到本地生产安全事故统计数据。统计、报送的方法是国家统计局批准的《生产安全事故统计报表制度》。

2. 工矿商贸事故的定义

工矿商贸事故是生产安全事故中的第 1 类事故，是生产安全事故的一个子类。《生产安全事故统计报表制度》在"报表目录"部分说"从事生产经营活动中发生的造成人身伤亡或者直接经济损失的生产安全事故"是工矿商贸事故；在"事故统计有关规定"部分又说"生产经营单位在生产经营活动中发生的造成人身伤亡或者直接经济损失的事故，属于生产安全事故"，工矿商贸事故和生产安全事故定义的字面是一样的，但是参照物不同。工矿商贸事故是用于单位内部统计，是统计由非专项设备等原因造成的事故。而生产安全事故是由安监系统管辖的，基本上是非人为策划的非自然灾害。但是定义上并没有说明白"工矿商贸事故"是"生产安全事故"中的哪些事故，这为生产安全事故统计数据的重复汇总、汇总结果不准确、与国际其他国家（如美国）的职业安全统计数据不可对比埋下了隐患。

表 2—1　　　　　　　　　　生产安全事故的分类、管理与统计

序号	生产安全事故分类	管理、统计部门	与工矿商贸类事故的关系
1	工矿商贸事故	各级安全生产监督管理部门、煤矿安全监察机构	——
2	火灾事故	公安消防部门	火灾仍可能与工矿商贸事故有交叉。不含草原、森林事故
3	道路交通事故	公安交通管理部门	道路交通事故仍可能与工矿商贸事故有交叉
4	水上交通事故	交通海事管理部门	与工矿商贸事故有交叉
5	铁路交通事故	铁路部门	铁路企业的生产经营性事故合并入工矿商贸事故，但其他铁路事故与工矿商贸事故仍然可能有交叉
6	民航飞行事故	民航部门	与工矿商贸事故有交叉
7	房屋建筑及市政工程事故	住房和城乡建设部门	全部合并入工矿商贸事故
8	农业机械事故	农机监理部门	与工矿商贸事故有交叉
9	渔业船舶事故	渔业部门	与工矿商贸事故有交叉
10	特种设备事故	质检部门	全部合并入工矿商贸事故

3. 生产安全事故的统计过程

当社会组织发生表 2—1 中所列的第 2～10 类事故之一时，组织应该按照事故的性质把事故情况和数据报给当地的专项事故主管部门（也即部门搜集数据过程），如果组织所发生的事故属于业务活动中事故（未严格、明确规定，所以易于与表2—1 中的第 2～10 类事故中的某一类混淆），则应该作为工矿商贸事故把事故情况和数据报告给当地的安全生产监督管理部门。当地部门按照要求汇总、上报、抄送。当地的安全生产监督管理部门负责综合汇总、上报抄送来的各类事故数据，得到当地的生产安全事故数据，并逐级上报其上级部门。

根据《生产安全事故统计报表制度》，工矿商贸事故分为煤矿、金属非金属矿、建筑施工、化工和危险化学品、烟花爆竹、工矿商贸其他六个行业，其中工矿商贸其他又含轻工、机械、贸易、有色、建材、冶金、纺织和烟草八个行业。

举例说明，企业发生事故时，首先看是否属于火灾等其他类事故，如果不是就属于工矿商贸事故；然后看其专项性质，进行归类。

4. 生产安全事故统计数据的重复问题

表2—1中的第2～10类专项事故的数据应该报给专项事故主管部门进行统计，但实际上它们中的绝大部分也是发生在社会组织的业务活动中，事实上也是工矿商贸事故，也有可能被事故发生组织报给当地的安全生产监督管理部门，这样当地安全生产监督管理部门综合汇总时就会有重复汇总现象，而这种重复现象在其上级部门也会发生，这就造成事故统计数据不准。如图2—1所示表示了这种重复现象的产生。

第2~10类事故主管部门

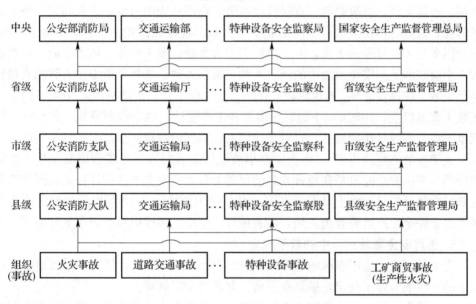

图2—1 生产安全事故重复汇总现象

在表2—1中可以看到，水上交通、渔业船舶、民航飞行、农业机械、铁路交通事故虽然列为专项事故在专项事故中汇总，但也有可能被统计为工矿商贸事故，综合汇总的重复问题也没有得到很好解决。

生产安全事故综合汇总的重复问题使得我国的统计数字和西方国家（如美国）的统计数字不具有可比性。这种交叉现象是部门业务分割、又分割不清造成的结果，同时，《生产安全事故统计报表制度》没有尽可能清楚地定义、区分各类事故

（尤其是区分表2—1中的工矿商贸事故和第2~10类事故）也是综合汇总数据重复问题的根源。在美国，不区分表2—1中的十类事故，而是把事故发生单位工作中发生的任何事故都作为职业安全事故，把职业安全事故中产生的任何伤害都作为职业伤害来统计，这样就没有交叉汇总问题。美国的职业安全统计中唯一重视的问题是事故、伤害是否发生在工作过程中。

5. 生产安全事故的统计内容和统计周期

根据现行《生产安全事故统计报表制度》规定，生产安全事故统计只统计社会组织在中华人民共和国领域内从事生产经营活动中发生的造成人身伤亡或者直接经济损失的事故，其子类是表2—1中的十类。统计内容主要包括事故发生单位（组织）的基本情况、事故造成的死亡人数、受伤人数、急性工业中毒人数、单位经济类型、事故类别、事故原因、直接经济损失。在汇总表中只汇总事故起数、事故造成的死亡人数、重伤人数、急性工业中毒人数、直接经济损失五项，并根据2007年的国务院493号令的要求，汇总出特别重大事故、重大事故、较大事故、一般事故4个级别的生产安全事故中的死亡人数、重伤人数、急性工业中毒人数和直接经济损失数。应该注意到，GB 6441—1986《企业职工伤亡事故分类》中定义的歇工天数1天及以上、105天以下的轻伤事故并未在统计汇总中得到重视，各个社会组织也不那么重视轻伤的统计，这对于应用安全累积原理预防事故是极其不利的。

关于事故的统计周期，《生产安全事故统计报表制度》要求省级安全生产监督管理局和煤矿安全监察局在每月5日前报送上月生产安全事故统计报表，国务院有关部门在每月5日前将上月专项事故（表2—1中的第2~10类事故）统计报表抄送给国家安全生产监督管理总局，后者按月、季度、年度向社会公布统计数字。

6. 生产安全事故统计中的若干规定

为了便于安全生产事故的统计，《生产安全事故统计报表制度》对数据收集过程中的一些细节做了规定，摘录在下面，并适当加以解释。

（1）轻伤：损失工作日高于1日及以上，并低于105日的暂时性全部丧失劳动能力伤害。

【评论与解释】这个规定来自于GB 6441—1986《企业职工伤亡事故分类》。一般的反应是，"105日"这个规定过于严重，应该予以降低。而且，应该把轻伤的歇工天数下限明确下来，目前只写在GB 6441—1986《企业职工伤亡事故分类》的"编制说明"中是不够正式、也不具有法律效力的。不规定这个下限，统计工作事实上是无法进行的。此外，1986年的标准已经太老，应该予以更新。

（2）重伤：依据GB 6441—1986《企业职工伤亡事故分类标准》和GB/T

15499—1995《事故伤害损失工作日标准》，具体是指损失工作日等于和超过 105 日的全部丧失劳动能力伤害。在事故发生后 30 天内转为重伤的（因医疗事故而转为重伤的除外，但必须得到医疗事故鉴定部门的确认。道路交通、火灾事故自发生之日起 7 日内），均按重伤事故报告统计。如果来不及在当月统计，就应在下月补报。超过 30 天的（道路交通、火灾事故自发生之日起 7 日），不再补报和统计。

【评论与解释】其实道路交通、火灾事故造成的重伤认定应该和其他生产安全事故造成的重伤认定采用相同标准。"30 天内、7 日内"这些规定为少数个别组织为降低事故级别而瞒报、迟报事故重伤人数提供了空间。

（3）急性工业中毒：人体因接触国家规定的工业性毒物、有害气体，一次吸入大量工业有毒物质使人体在短时间内发生病变，导致人员立即中断工作、入院治疗的列入急性工业中毒事故统计。

【评论与解释】急性工业中毒，其实对于安全监督管理部门管理、预防事故来说，意义并不大，有轻伤、重伤的统计基本就可以了。对于中毒专业研究，简单的数量统计显然是不够用的，而且这个"急性工业中毒"定义中的"一次""短时间"等用词欠严密。

（4）死亡和失踪：在 30 天内死亡的（因医疗事故死亡的除外，但必须得到医疗事故鉴定部门的确认。道路交通、火灾事故自发生之日起 7 日内），均按死亡事故报告统计。如果来不及在当月统计的，就应在下月补报。超过 30 天死亡的（道路交通、火灾事故自发生之日起 7 日），不再进行补报和统计。失踪 30 天后（道路交通、火灾事故自发生之日起 7 日），按死亡进行统计。

【评论与解释】道路交通、火灾事故造成的死亡认定应该和其他生产安全事故造成的死亡认定采用相同标准。"30 天内、7 日内"这些规定为少数个别组织为降低事故级别而瞒报、晚报事故死亡人数提供了空间。

（5）直接经济损失在 100 万元以下、没有造成人员伤亡的工矿商贸事故不列入统计范围。

【评论与解释】有没有造成人员伤亡，尤其是伤，应该有一个衡量标准，如果使用歇工天数来衡量则比较科学。

（6）由不能预见或者不能抗拒的自然灾害（包括洪水、泥石流、雷击、地震、雪崩、台风、海啸、龙卷风等）直接引发的事故灾难，不纳入统计范围；在能够预见或者能够防范可能发生自然灾害的情况下，因生产经营单位防范措施不落实、应急救援预案或者防范救援措施不力，由自然灾害造成人身伤亡或者直接经济损失的事故，纳入统计范围。

【评论与解释】如果灾害发生时，组织成员正在工作，其所受伤害应该列入统计范围，以便使其能够得到工伤补偿。

（7）事故发生后，经由公安机关立案调查，并出具结案证明，确定事故原因是由人为破坏、盗窃等行为造成的，属于刑事案件，不纳入统计范围。

【评论与解释】此类事故虽然是人为主动、蓄意策划的事故，但从事故发生组织来说，依然是预防工作未做到位的表现。此类事故将来应列在统计之列。

（8）解放军战士、武警、消防官兵、公安干警参加事故抢险救援时发生的人身伤亡，不计入事故统计范围；专业救护队救援人员参加事故抢险救援时发生的人身伤亡，不计入本次事故统计，列入次生事故另行统计。

【评论与解释】此类事故不列入统计范围有利于工作的开展。

（9）生产经营单位人员在外执行工作任务时，因擅自做与任务无关的事情而发生的事故，不纳入统计范围。

（10）生产经营单位人员在劳动过程中因病导致伤亡，经县级以上医院诊断、公安部门证明和安全生产监督管理部门调查属实的，不纳入统计范围。

【评论与解释】此类事故将来应列在统计之列。

（11）政府机关、事业单位、人民团体发生的生产安全事故，纳入统计范围。

【评论与解释】在定义生产安全事故时已经指出，企业、事业单位都是生产事故统计中的生产经营单位，其业务活动中的事故当然也就是生产安全事故，应该纳入统计。

（12）劳改系统生产经营单位人员或刑满就业、劳教期满企业留用人员及正在劳改、劳教中的人员发生的事故，纳入统计范围。

（13）跨地区进行生产经营活动的单位发生事故后，由事故发生地的安全生产监督管理部门负责统计。

（14）甲单位人员参加乙单位生产经营活动中发生的伤亡事故，纳入乙单位统计。

（15）两个以上单位交叉作业时发生的事故，纳入主要责任单位统计。

（16）分承包工程单位在施工过程中发生事故的，凡分承包单位在经济上实行独立核算的，纳入承包单位统计；没有实行独立核算的，纳入总承包单位统计；凡没有履行分包合同承包的，不管经济上是否独立核算，都纳入总承包单位统计。

（17）煤矿、金属与非金属矿山外包工程施工发生的事故，纳入发包单位的统计。

【评论与解释】此项与第16项是类似的。

（18）生产经营单位人员参加社会上的抢险救灾时发生的伤亡事故，不纳入本单位事故统计。

【评论与解释】有利于鼓励"见义勇为"行为。

（19）因设备、产品不合格或安装不合格等因素造成使用单位发生事故的，不论其责任在哪一方，均纳入使用单位统计。

【评论与解释】此类事故属于使用单位的生产安全事故。

（20）铁路企业发生的事故（不含铁路行车和路外事故），纳入工矿商贸事故统计。

【评论与解释】铁路企业一样是企业，和其他企业并无区别。其实行车事故、路外事故也是有组织的，只不过这类事故属于专项事故，应由专项事故主管部门统计，由安全生产监督管理部门综合汇总。

（21）房屋建筑及市政工程事故和特种设备事故，纳入工矿商贸事故统计。

【评论与解释】此项与第 20 项类似。

7. 我国的生产安全指标体系

实际上统计内容就是安全指标。我国各级政府和企事业单位一般使用事故起数、事故死亡人数、重伤人数、轻伤人数、急性中毒人数、直接经济损失数作为其管辖范围内的综合性生产安全绝对指标。在 GB 6441—1986《企业职工伤亡事故分类》中，还规定有千人死亡率、千人重伤率、百万工时伤害率、伤害严重率、伤害平均严重率、按产品产量计算的死亡率（如万米木材死亡率、煤矿使用的百万吨死亡率等）等生产安全相对指标。这些相对指标，读者可以参阅 GB 6441—1986《企业职工伤亡事故分类》。在这些指标中，事故发生次数、事故死亡人数是最为人们所关注的，重伤、轻伤人数在企业中也比较常用。在煤炭开采行业，特别常用的是百万吨死亡率，其他的指标不太为人们所关注，有的甚至已经为人们所忘记。

在国家宏观层面，还使用亿元 GDP 生产安全事故死亡率、工矿商贸就业人员 10 万人生产安全事故死亡率、道路交通万车死亡率和前面提过的煤矿百万吨死亡率四个安全指标，其定义和计算方法依据现行的《生产安全事故统计报表制度》。

（1）亿元 GDP 生产安全事故死亡率。它表示每生产亿元国内生产总值，因事故造成的死亡人数，是各类事故死亡人数与国内生产总值（GDP）的比率。计算公式为：

$$亿元 GDP 生产安全事故死亡率 = \frac{报告期内各类事故死亡人数（人）}{报告期内国内生产总值（元）} \times 10^8$$

（2）工矿商贸就业人员 10 万人生产安全事故死亡率。它表示工矿商贸每 10 万就业人员（二、三产业就业人员）中，因事故造成的死亡人数，是工矿商贸事故死亡人数与工矿商贸就业人数的比率。计算公式为：

$$\frac{\text{工矿商贸就业人员10万人}}{\text{生产安全事故死亡率}}=\frac{\text{报告期内工矿商贸事故死亡人数（人）}}{\text{报告期内工矿商贸就业人数（人）}}\times10^5$$

（3）道路交通万车死亡率。它表示每1万辆机动车中因道路交通事故造成的死亡人数，是道路交通事故死亡人数与机动车数量的比率。计算公式为：

$$\text{道路交通万车死亡率}=\frac{\text{报告期内道路交通事故死亡人数（人）}}{\text{报告期内机动车数量（辆）}}\times10^4$$

（4）煤矿百万吨死亡率。它表示煤矿每生产1百万吨原煤因事故造成的死亡人数，是煤矿原煤生产事故死亡人数与原煤产量的比率。计算公式为：

$$\text{煤矿百万吨死亡率}=\frac{\text{报告期内煤矿原煤生产事故死亡人数（人）}}{\text{报告期内原煤产量（t）}}\times10^6$$

在这四个安全指标中，第一个指标不是国际通用的，只有我国有；第二个指标是国际通用的；第三、四个指标是行业性的，不是综合性生产安全指标，虽然可做统计、计算，但是在实际工作中基本不用。

8. 存在的问题

从我国安全生产事故统计和安全指标可以看出，存在以下问题：

（1）与国际统计指标不接轨。目前的统计指标按类进行统计，没有按照组织或单位进行统计，国内外的数据不同，无法进行对比以考核组织的安全业绩。

（2）我国职业安全健康统计范围、统计指标、统计对象模糊，且以事故起数为单位进行统计，无法真实反映某一起事故中的实际死伤人数、损失财产等安全生产状态；不是所有单位都在统计范围内，如政府机关、事业单位、人民团体中发生的生产安全事故，并没有纳入统计范围。

（3）我国煤矿等行业使用以物质生产量为基础的安全健康统计指标（如百万吨死亡率等），使得各个行业之间不能对比安全业绩。

（4）统计指标边界不明确。我国目前工矿商贸事故和各类事故统计中存在交叉。

第二节　国外的事故统计

本节以美国为例介绍国外的事故统计，以供我国改进事故统计参考。英国、澳大利亚的情况也大体相同。

一、统计内容及其特点

美国在进行事故统计时，统计本国所有社会组织成员在为其组织工作的过程中发生的（事故所带来的）生命健康损失后果，统计内容有死亡人数（Fatal Injuries）、伤害人数（Injuries）、损失工作日数（Lost Work Days），而不关注事故（事件）本身发生的次数、类别等，不对事故进行分类，也不统计事故带来的经济损失。美国劳工部统计局（Bureau of Labor Statistics，BLS）把组织成员在为其组织工作的过程中发生的伤害、疾病和工作日损失称为职业安全健康数据。职业安全健康在我国也有所提及，但是我国并没有官方定义的职业安全健康事故的概念，因此也就没有官方的职业安全健康统计数据。我国统计的是生产安全事故，所以中外事故统计数据不具有可比性。职业安全健康事故和生产安全事故的最大差别在于，前者是发生在工作过程中，后者不一定发生在工作过程中。

从事故统计内容来看，国外统计的对象是个人伤害或者疾病，也就是以伤亡人员个人相对应的一个伤害或者疾病为统计对象，虽然各国指标略有不同，但普遍以发生人次数、发生率、损失工作日天数为统计内容。在我国，则是以一次事故进行统计，与国外安全业绩无法进行横向比较，同时百万吨死亡率等统计指标也不能各行业通用。

二、统计指标

美国的职业安全健康统计工作，由劳工部统计局（Bureau of Labor Statistics，BLS）总负责。职业安全与健康管理局（Occupational Safety and Health Administration，OSHA）、矿山安全与健康管理局（Mine Safety and Health Administration，MSHA）、联邦铁路局（Federal Railroad Administration，FRA）把从企业（MSHA 管辖煤矿、金属与非金属矿山企业，FRA 管辖铁路运输企业，OSHA 管辖 MSHA、FRA 不管辖的企业）搜集来的职业安全健康数据提交给劳工部统计局汇总，劳工部统计局在其网站上分别公布煤矿、金属及非金属矿山企业，铁路企业和其他企业的统计结果。

美国职业安全健康统计以年为统计周期，以全国的企业雇员、州政府和地方政府雇员为统计范围（联邦政府雇员的情况另行统计），主要使用如下指标。

1. 工亡人数及工亡率

工亡人数是指在工作过程中，由于工作原因而死亡的人数，包括因事故而死亡的人数和工作中患病而死亡的人数（Number of Fatal Injuries or Disease）。工亡率则有两种表达方法：第一种方法是用 10 万员工工亡率表示；第二种方法是用 2 亿工时工亡率表示。

2. 事故次数及事故率

事故次数实际上是指工作中受伤害或得病的人次数，有五个指标：总可记录伤害人次数（第一个指标），它分为损工伤害人次数（第二个指标）和其他伤害人次数（第五个指标，也即不损工伤害人次数），损工伤害人次数又分为离岗伤害（第三个指标）和转岗与工作受限伤害人次数（第四个指标）。相应地，每 20 万工时发生的上述伤害人次数就是五个相应的 20 万工时事故率。离岗、转岗、工作受限伤害是指离岗、转岗、工作受限的时间超过了伤害发生当日的伤害。美国 2003—2011 年的 20 万工时事故率如图 2—2 所示。

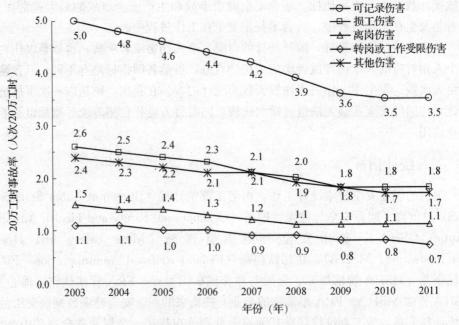

图 2—2　美国 2003—2011 年的 20 万工时事故率

损工伤害以外的伤害是指员工接受了现场急救以外的医学治疗或者意识丧失的伤害，以下治疗项目是《美国联邦法规》（Code of Federal Regulations，CFR）第 29 主题即 29CFR 的第 1904 部分规定的现场急救医学治疗：

（1）以非处方剂量使用非处方治疗方法（含相应药物）。

（2）施用破伤风疫苗。

（3）使用清水冲洗伤口或者浸泡皮肤表面。

（4）使用纱布、绷带等包扎伤口等。其他处理（如缝合等）视为超出现场急救以外的治疗。

（5）进行热敷或者降温处理。

（6）使用非刚性支承、塑性绷带、背带等进行包扎等紧急处理。

（7）使用临时装置（如木板、藤条或其他不具备移动功能的装置）运送伤员。

（8）剪开手指甲、脚趾甲减压，挑开水泡释放血液或者其他液体。

（9）使用手帕擦眼睛，冲洗或者使用镊子、棉签等取出眼中的外来物。

（10）使用类似的简单工具从身体某部位取出外来物。

（11）喝水或者饮料以解渴、降温。

上面是29CFR关于现场急救的完全规定。员工受的伤如果需要或者接受了上述项目以外的治疗，就被视为需要现场医学治疗以外的伤害，是可记录的。医学治疗是指管理患者、治疗疾患的过程，不包括找医生诊断、咨询的过程，也不包括使用X光、血液检验等以诊断为目的的过程，尽管它们在医学上是必要的，但有时还需要由医生开处方确定。

3. 损工日数

可记录伤害的后果之一是导致受伤或患病员工离岗、转岗和工作受限，这都称为工作日损失。

第三节　事故统计改革建议

对比我国安全生产统计可以看出，首先，我国职业安全健康统计主体、统计范围、统计内容模糊，且以事故本身为单位进行统计，无法真实反映某一起事故中的实际死伤人数、损失财产等安全生产状况（由于主客观原因，财产损失即经济损失很难统计清楚）。其次，目前我国职业卫生（健康）面临的形势依然严峻，但安全生产事故统计并不包括职业病数据。再次，我国煤矿等行业使用以物质生产量为基础的安全健康数据（如百万吨死亡率、万米木材死亡率、万车死亡率等），这使得各个行业之间不能对比安全业绩和经验。由于"分母大、分子小"的问题，造成统计结果缺乏实际应用价值，因此提出以下建议：

（1）统计主体。各级安全生产监督管理部门负责其行政管辖范围内统计范围的职业安全健康数据的统计、上报、发布，以月、年为统计、发布周期。

（2）统计范围。以中华人民共和国境内全部合法组织的所有用工类型的雇员为统计范围，不考虑行业特点。各个社会组织要向当地的安全生产监督管理部门报告其职业安全健康数据。

（3）统计内容。以组织的职业安全健康数据为统计内容，包括雇员为其组织工作过程中由于工作原因，以任何方式造成的致命伤害人数、非致命伤害与疾病发生人次数，损失工作日数，它们分别称为职业伤害人次数、损失工作日数。

（4）安全指标。使用致命职业伤害人数、非致命职业伤害人次数、工时损失日数作为职业安全健康绝对指标，以 10 万员工致命职业伤害率、20 万工时非致命职业伤害率为相对指标。

上述统计建议比较简单、容易操作。但具体操作时尚需以下规定：

（1）职业伤害中所患疾病，不应限于我国 2013 发布的《职业病分类和目录》中的 132 种职业病。

（2）伤害是指误工时间超过 30 min 的事件。

（3）致命伤害是指受到伤害后 1 年之内的医学死亡或者失踪 1 年的人员。

（4）统计误工天数时，损工时间不足 1 个标准工班（8 h）的工时损失，不计入统计，误工天数按照 GB 6441—1986《企业职工伤亡事故分类》、GB/T 15499—1995《事故伤害损失工作日标准》的规定进行折算。离岗、转岗、工作受限都视为误工。

（5）上下班途中发生的致命与非致命职业伤害，原因比较复杂，不进行统计。

（6）组织报告数据时，不论其业务在国外还是国内的任何地理位置，均由其直接法人向其受管辖的安全生产监督管理部门报告。

（7）军队、警察、专业救援、保卫等组织的雇员不在统计之列。

（8）经本组织同意的外来正式业务人员在本组织办理业务时受到的伤害，由于原因有多方面，折算为本单位伤害人次数的 1/2，这样有利于促进本组织保护外来业务人员的安全和健康。

上述建议中的统计指标是各个行业通用的，并基本与国际接轨（因各国都有自己的具体规定，不可能完全接轨），应用简单，且可以作为企业的事故预防工具。以上关于职业安全综合统计的初步构想，是为了事故预防的需要，我国现存的专项事故统计可以依然存在，与此建议并不矛盾。

事故原因（伤害方式）的统计有助于预防事故，但是原因多样，分类较难，统计内容需要另行深入研究。

思考题

1. 如何理解生产安全事故和工矿商贸事故？
2. 我国常用安全指标有哪些？
3. 美国常用安全指标有哪些？
4. 我国事故统计和安全指标有哪些需要改革的方面？
5. 熟悉我国的事故统计表格。
6. 熟悉我国的事故统计指标和统计过程。
7. 了解美国的事故统计指标。
8. 简述生产安全事故与职业安全事故统计的差别。

作业与研究

1. 我国的统计报表制度。
2. 美国的安全指标及事故定义。
3. 研究事故统计数据的重复叠加性及中外事故统计数据的可比性。

第三章 事故致因理论

本章目标

了解事故致因理论的起源和内容，掌握古典以及近现代事故致因链，了解事故归因论和安全累积原理，把握事故的规律性。

安全学科的研究对象是事故，研究目的是预防事故。安全学科的一切研究内容都是围绕事故预防的。要预防事故，首先必须明确事故的概念与安全指标，然后掌握事故的原因，接下来才能谈到预防事故的办法。因此可以说，事故致因理论是安全学科最重要的理论基础。虽然导论或者概论性课程在不同的人才培养单位有不同的名称，如安全科学导论、安全科学基础、安全科学与工程导论等，但事故致因理论应该是这类课程的核心内容。

事故致因理论用事故致因模型来表达。在事故致因模型上，既能看到事故的所有原因，也能由此推出全部的预防策略，事故的原因和预防策略构成了安全学科的全部内容。所以，从事故致因模型上可看到安全学科的全部研究内容。根据这些内容可以进行学科结构研究，以利于学科建设。

事故致因理论及与其相关的预防知识体系，还可以用于科学设置安全管理部门、分类进行安全管理（事故预防）、有效预防事故，提高国民安全、健康与社会经济发展水平。所以，事故致因理论十分重要。

事故致因理论有两个发展脉络：一是系统论事故致因模型；二是事故致因链（链式模型）。

第一节 事故致因理论的起源和内容概述

一、事故致因理论的起源

据文献记载，19 世纪末 20 世纪初，人类进入了工业化时代，人们的工作方式发生了重要改变，从家庭作坊式的手工劳动为主转变到以工厂为典型组织形式的社会化生产为主。在工厂，投资者即资本家渴望资本积累，不注重、不懂得考虑工作场所的安全，再加上工人没有经过充分的培训，操作不熟练、工作强度大，导致工人受伤事故频频发生，这就必然会产生工人的工伤补偿问题。

由于当时法律制度的欠缺，工人因工受伤并不能够当然地获得公费救治和经济补偿，一般都需要经过诉讼。如果诉讼、裁决过程中发现受伤的工人在工作过程中有过错，或者由于他人的过错导致了伤害，或者他在已知有危险的场所工作，或者没有发现资方的疏忽，受伤的工人都不能获得公费救治和补偿。这种情况显然对工人相当不利，劳资双方的社会矛盾逐渐激烈。为解决这种日益激化的社会矛盾，有关工人补偿的法律制度就逐步产生了。1908 年，美国纽约州最早颁布了《工人补偿法》，确立不究工人过错的赔偿原则。1911 年，美国的威斯康星州也颁布了类似的《工人补偿法》，并为后人所知。之后，美国的其他州也制定了工人补偿制度。这些补偿制度的共同特点是不考虑工人在事故中受伤的过失主体，规定工人只要是在工作时间、工作地点、由于工作原因受到伤害就可以无条件地得到公费救治和补偿（也就是现在工伤保险中的"补偿不究过失"原则），补偿包括工人的医疗费用、工资收入的损失等。工厂主为了减少补偿花费，纷纷投入资金和精力，改善工作场所的安全状况，当时在美国历史上曾经掀起一场著名的安全运动（Safety Movement）。当时主要的手段是改善物理环境、设备故障等明显可见的物的方面的安全问题。由于当时物理工作条件太差，这些手段的效果很明显，事故伤亡人数在随后几年呈现出明显的下降趋势。据统计，美国的工伤事故死亡人数从 1912 年的 1.8 万～2.1 万人降低到 1933 年的 1.45 万人，降低约 24%。于是，人们相信，物理状况是事故的原因。但是，物理状况的改善并不总是有效的，于是人们又开始新的研究，寻找事故预防的新对策。事故致因理论的研究基本上可以说是从 1908 年颁布第一个《工人补偿法》后开始的，逐步形成了丰富的理论，因此可以说工人补偿制度是事故致因理论的起源。

二、事故致因理论的发展过程简述

前面已经提及，采用上述改善工作场所物理条件的方法来降低工伤事故、减少工人受伤的次数并不总是有效的，在"安全运动"的初期之所以有效是因为当时的工厂条件太差，恶劣的物理条件是事故的主要原因。随着工作场所物理条件的改善和保持，进一步改善工厂物理环境，其减少事故发生的效果就不太明显了。于是，人们产生了困惑，关于事故的发生原因也就有了各种各样的、甚至是荒唐的认识，对比由粉尘、噪声、振动、高温高湿等可观察的物理现象引起的职业病事件而言，人们很难观察到造成急性伤害的安全事故的原因，于是有人认为安全事故的发生是"神"的旨意，是一种不能预防的灾祸。由于当时对安全事故的原因没有系统性认识，人们也就只重视职业病的控制。尽管英国最早颁布了《工厂健康安全法》（1802年），但是当时普遍地只重视职业病的问题。也因此，19世纪的安全检查由医生带领，重点检查引起职业病、可观察到的物理现象，比如引起尘肺病的粉尘，与听力受损或者丧失有关的噪声等。而对事故预防却一筹莫展，认识不足且缺乏严谨性。这就是最早的安全检查，而且当时都认为安全事故不能预防，因此对于安全工作的重视程度非常有限。后来由于《工伤补偿法》的颁布引起了人们研究事故致因的热潮，推动了安全科学理论的发展。此后很多研究者开始研究事故发生的真正原因和事故预防方法，从1919年英国的格林伍德（Greenwood）和伍兹（Woods）到1931年的海因里希（Heinrich，美国），接下来的数十年中，人们提出了很多作为事故预防指导的事故致因学说，但具有较大科学价值的事故致因与事故预防学说最早是从海因里希开始的，他进行了大量的事故统计后得到的事故致因学说和事故预防方法至今仍然有较大的应用价值。作者所在研究团队对1919年以来的事故致因理论进行了较多思考和研究，在海因里希1931年、瑞森（Reason，英国）1990年、斯图尔特（Stewart，加拿大）2000年提出的事故致因链基础上，提出了另一个事故致因链——事故致因"2-4"模型，该模型已经支承了作者所在研究团队10余年的事故预防科学研究与实践。本章将对现代事故致因链做重点阐述。

三、事故致因理论的内容简述

事故致因理论大体来说包括三个主要方面：第一是系统论事故致因模型和事故致因链（链式模型）；第二是事故归因论，将事故的原因，尤其是直接原因，做出具体分类，是制定事故预防策略的理论基础；第三是安全累积原理，建立事故发生的次数和严重度之间的关系，是重大事故预防的基本理论途径。

事故致因链，是把事故及其后果与事故的直接、间接、根本和根源原因（Direct、Indirect、Radical and Root Causes）连接成一个链条，使人们能够看清楚事故的发生原因及预防措施的作用顺序和位置，以及它们的相互影响关系，是事故预防的基本理论路线。事故致因链大体可以分为古典事故致因链、近代事故致因链和现代事故致因链三个阶段。古典事故致因链从 1919 年格林伍德和伍兹提出事故易发倾向开始，到 1972 年威格斯沃斯（Wigglesworth，澳大利亚）提出事故的教育模型之前为止。期间提出了很多的事故致因链，共同的特点是分析和描述事故致因时基本上只在事故引发者的个人特质或者引发事故的直接物理原因层面进行，而不涉及这些原因的广泛影响因素。近代事故致因链的研究大约始于 20 世纪 70 年代末期博德（Bird）和罗夫特斯（Loftus）的管理模型，至 80 年代形成和发展，并逐步在 20 世纪 80 年代以后形成比较稳定的认识，此间也有数个近代事故致因链提出，其共同特点是将教育、管理因素作为事故的根本原因引入了事故致因链，但却未能将"教育""管理"因素具体化，人们不知道"教育""管理"因素具体是哪些因素，管理实践中难于操作。现代事故致因链，到目前为止，作者认为英国的瑞森 1990 年、加拿大的斯图尔特在 2000 年提出的事故致因链是两个最具有代表性的，他们将现代事故因链中的管理因素具体化为几类因素，为事故预防实践操作提供了较好的途径，但还不完善。本书作者在上述现代事故致因链基础上，结合瑞森的事故根本原因在于组织错误的观点提出了事故致因"2—4"模型。这也是一个现代事故致因链，将事故致因链中的间接原因具体化为三类因素，将根本原因（管理因素）具体化为按照或者不按照管理体系标准（如 OHSAS18000、GB/T 28001 等）建立职业安全健康管理体系，将根源原因具体化为由若干元素组成的安全文化，并把事故的原因归结为个人行为和组织行为两个层面、四个阶段，建立了事故致因模型，为事故预防提供了更加明确、具体的实践操作方法。

第二节　系统事故致因理论

系统事故致因理论用"人（Man）—机（Machine）—环（Medium）—管（Management）—目标（Mission）"模型（简称"5M"模型）来表达事故原因（见图 3—1）。

系统事故致因理论认为事故发生在一个系统中（而不是组织中），这个系统由人员、机器（设备设施）、运行环境、管理等子系统组成，事故的原因分类地"凝结"在系统内的各个子系统内。该事故致因论认为事故的发生是由于系统或者子系

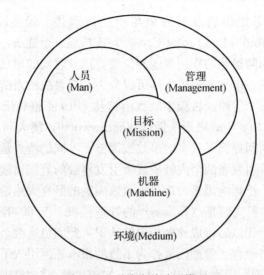

图 3—1　系统事故致因模型

(NLR Air Transport Safety Institute，2012)

统受到外界扰动后出故障，进而引起整个系统出故障的过程。此学说有很长的发展历史，康奈尔大学的 Wright 在 1940 年最初提出时，只有人、机、环三个元素（子系统），1966 年 Miller 在美国南加州大学加上了"管理"（Miller，1991），1976 年美国航空安全基金会的 Jerome 加上了"目标"。1976 年、1991 年曾经有人提出应该加上"资金"（Money）这个元素（子系统），但是没有持续下来。目前，这个模型的应用还是比较广泛的，其作用原理如图 3—2 和图 3—3 所示。

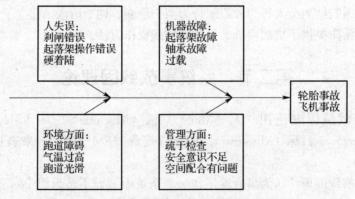

图 3—2　用系统事故致因模型分析航空事故

(NLR Air Transport Safety Institute，2012)

瑞典的 Rasmussen（1997），尤其是美国麻省理工学院的 Leveson（2004），特别推崇系统事故致因模型。在我国安全实务（如安全评价）中也广泛应用系统事故致因模型。

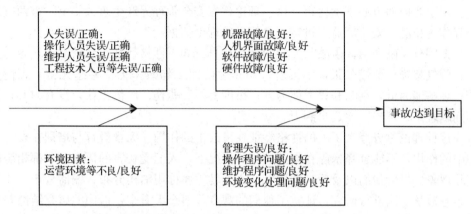

图 3—3　系统事故致因论的作用原理（NLR Air Transport Safety Institute，2012）

系统事故致因模型存在的第一个问题是系统边界不固定，不一定有固定的控制、命令传达机制，相对于有固定结构的组织而言，比较松散，不易控制；第二个问题是，人、机、环、管各子系统的组成元素无法严格分开，比如管理，是非常含混的一个子系统，关于它的组成元素，几乎每个人都有不同的观点（其他几个子系统也类似），使用起来比较困难，用于学科方向设置的研究可能就更难了。

第三节　古典事故致因链

本节介绍了几个典型的、在安全学科历史上有一定影响的古典事故致因链，它们的共同的特点是研究事故致因时基本上从事故引发者的个人特质或者引发事故的直接物理原因层面出发，而不涉及这些原因的广泛影响因素。

一、格林伍德和伍兹的事故频发倾向理论

据文献记载，1919 年英国的格林伍德和伍兹对许多工厂里发生的事故资料进行了统计分析，发现工厂中某些人较其他人更容易发生事故。从这种现象出发，1939 年法默（Farmer）、查姆勃（Chamber）等在格林伍德和伍兹的发现基础上明确提出了事故频发倾向（Accident Proneness）的概念。所谓事故频发倾向是指个人容易发生事故的、稳定的、内在的倾向或者特质。事故频发倾向是由个人内在特

质因素决定的，即有些人的本性就容易发生事故。具有事故频发倾向的人被称为事故频发倾向者。根据这种理论，工厂中少数工人具有事故频发倾向，他们的存在是工业事故发生的主要原因。如果企业里减少了事故频发倾向者，就可以减少工业事故。由于当时西方心理学盛行，这一理论曾在安全管理界产生重大影响，被西方工业界作为招聘、安排职业、进行安全管理的理论依据。

据国外文献介绍，事故频发倾向者往往具有如下性格特征：感情冲动，容易兴奋；脾气暴躁；慌慌张张，不沉着；动作生硬而工作效率低；喜怒无常，感情多变；理解能力低，判断和思考能力差；极度喜悦和悲伤；厌倦工作，没有耐心；处理问题轻率、冒失；缺乏自制力。

这种理论过分夸大了人的性格特征在事故中的作用，无视教育与培训在安全管理中的作用，不能解释暴露在同等危险的情况下，人们受伤害的概率并非都相等的实际现象。尽管他们以及后来的法默、查姆勃等声称用泊松分布、偏倚分布、非均分布等数学方法进行研究，证实了他们的观点，但今天看来，他们的研究结论并不可靠，用他们的结论进行安全管理、事故预防也不能取得很好的效果，甚至不能取得任何效果。许多研究表明，把事故发生次数多的工人调离后，企业事故发生率并没有降低。例如韦勒（Waller）对司机的调查，伯纳基（Bernacki）对铁路调车员的调查，都证实了调离或者解雇事故发生多的工人，并没有减少伤亡事故发生率。这说明事故频发倾向者并不存在。他们的结论最多只能在职业适配过程中用作参考。不但如此，他们的结论还容易引起社会争议，原因是人的易于引发事故的特质事实上难以发现，更难以用数学来描述。2005 年报道的瑞典的沃尔沃公司以安全为理由拒收身高低于 160 cm 的女职员而遭到法庭罚款判决就是一个实例。

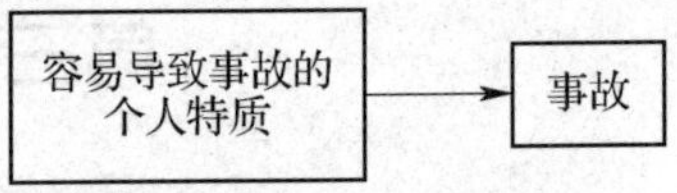

图 3—4　古典事故致因链之一

格林伍德和伍兹提出的事故频发倾向可以概括为如图 3—4 所示的事故致因链，它过于简单，但是他们的研究却鼓励了后人持续地进行事故致因链的研究。

二、明兹、布卢姆等对事故致因链的研究

格林伍德、伍兹等人认为事故是由事故引发者的个人特质（事故频发倾向）引起这个结论遭到多方面的质疑，后来明兹（Mintz）和布卢姆（M. L. B）重新提出了事故致因链，即事故遭遇理论，认为事故引发者在其工作条件、个人特质、经验技能等因素按照各自的轨迹发展过程中达到某种特定组合状态时就会产生事故（见图 3—5）。

根据这一见解，克尔（W. A. Ker）调查了 53 个电子厂的 40 项个人因素及生产作业条件因素与事故发生频率和伤害严重度之间的关系，发现影响事故发生频率的主要因素有搬运距离短、噪声严重、临时工多、工人自觉性差等，与伤害严重度有关的主要因素是工人的"男子汉"作风，其次是缺乏自觉性、缺乏指导、老年职工多、不连续出勤等，这证明事故发生情况与生产作业条件有着密切

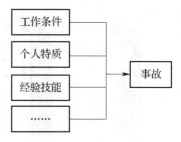

图 3—5　古典事故致因链之二

关系。米勒等人的研究表明，对于一些危险性高的职业，工人要有一个适应期，此期间内新工人容易发生事故，这证明事故的发生与工作经验有关。

事故遭遇理论的出现，使得人们逐渐把安全生产工作的重点从加强工人管理转移到改善生产作业条件上来。虽然他们在事故致因链中加入了工作条件和经验技能，但其研究还是仅限于事故引发者个人特质这个层面，而且工作条件、经验技能也很难描述，难以量化它们发展到哪个状态会导致事故的发生，所以事故遭遇理论也不是对导致事故原因的系统认识，也很难用于事故预防。

三、海因里希的事故致因链

最早在事故引发者个人特质层面提出完整事故致因链的学者是海因里希。1931 年，海因里希在《产业事故预防》（*Industrial Accident Prevention*，此书 1980 年出了最后一版）一书中，阐述了他的事故致因链。他说，事故是由类似于多米诺骨牌倒塌一样的因果事件链所导致的（见图 3—6）。后人称其为海因里希因果连锁理论、事故致因链或者多米诺骨牌理论等。

在该理论中，海因里希用一枚多米诺骨牌代表一个事件，把事故发生、发展过程中具有一定因果关系的事件都一件接一件地摆出来成为一个骨牌链，事故的发生、发展过程就是前一枚骨牌倒下后，后面的骨牌一块一块接着倒下的过程。海因里希说事故发生的过程是，人的血统因素（Ancestry）、成长的社会环境（Social Environment）造成个人特质有缺点（Fault of Person），个人特质缺点导致其发出不安全动作（Unsafe Act，以前译为不安全行为，确切应为"不安全动作"）或造成机械性、物理性不安全状态（Unsafe Mechanical and Physical，其实还有化学性等，但当时海因里希没有提及）这两个危险源（Hazard），作为直接原因导致事故的发生，事故造成的后果是伤害（Injury，其实伤害只是事故损失的其中一种，还应该有财产损失和环境破坏，海因里希也没有提及，见图 3—6）。

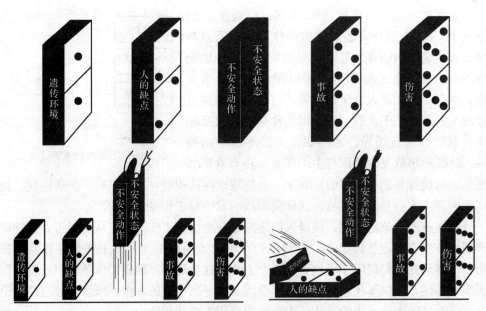

图 3—6　海因里希因果连锁理论

从海因里希事故致因链可以知道，事故的后果是伤害等，其直接原因是人的不安全动作、物的不安全状态，间接原因是人的缺点，根本原因是人成长的社会环境和遗传血统因素。该理论积极的意义在于：一是把事故的一系列原因和后果连接起来了，形成了完整的事故致因链，人们有了一个事故预防的路线；二是明确区分出了事故的两个直接原因，并给出了这两个直接原因导致的事故的数量比例（见"事故归因论"一节），可供制定事故预防的路线参考；三是给出了一部分事故预防办法，即消除不安全动作和不安全状态这两个导致事故的直接原因。

但海因里希的事故致因链的缺点也是致命的。目前很多文献只是阐述海因里希的理论，没有批评该理论的缺点，对实际工作相当不利。海因里希理论的缺点有三点。第一，海因里希把事故的间接原因归为人的缺点，而这个缺点又是来自于人的遗传、血统因素和成长的社会环境因素，这些因素都是不能改变的，所以根据海因里希事故致因链可顺次推导出"事故是不能预防的"这个荒谬的结论，这与很多组织都在使用的"一切事故都是可以预防的"的"零事故"理念严重不符，影响人们事故预防的积极性、工作态度和事故预防效果。第二，海因里希提出的通过消除人的不安全动作、物的不安全状态来预防事故，并不十分有效，在很多时候靠直接原因预防事故是来不及的，原因是在发现不安全动作和不安全状态时，事故往往已经不可避免了。例如，某煤矿 2004 年 10 月 20 日发生的一起瓦斯爆炸事故，事故发生前的 22 时 9 分 53 秒，瓦斯监测系统已经显示工作空间的瓦斯浓度为 1.49%，超过了 1% 的安全规定，有关人员立即采取措施降低瓦斯浓度，措施到位一般至少需要数十分钟，但是，监测系统显示瓦斯浓度在 2 分 27 秒内就升高到 40% 以上，并迅速波及整个煤矿的井下工作空间，进而发生爆炸。这起事故说明，当发现"物（瓦斯浓度）"的不安全状态时，即使立即采取措施也难以控制事故的发生。对于不安全动作引起的事故，存在类似的情况。假设安全检查人员发现工人不按照安全规定起吊一个机械设备时，立即上前制止，可是就在此时，设备就有落地发生事故的可能。这说明使用消除不安全动作的方法预防事故也是来不及的。由此可以说，海因里希提出的事故预防办法，不是很有效，而且海因里希提出的导致事故的间接原因、根本原因都难于改变，所以根据海因里希事故致因链，事故预防将会非常困难，说明他的事故致因链有较大的欠缺。第三，海因里希的事故致因链没有建立起与安全相关的个人行为和组织行为之间的关系，事故责任落在了工人一方。根据如图 3—6 所示的事故致因链，事故的发生都是事故引发者的原因造成的，从其不安全动作一直到其遗传血统、成长环境元素，而与其所在的组织无关。对于职业事故，则演变为事故的发生与其所在企业无关。此时，尽管各国的工伤补偿法规定"无过错补偿"，但会产生各种责任纠纷，工人及工会组织维护工人权益时会产生困难，企业则会轻视事故预防职责。这也是海因里希的事故致因链带来的问题。

尽管海因里希的因果连锁理论存在上述的致命缺点，但由它可得到一条推论，即"一切事故都是有原因的"。虽然海因里希给出的间接、根本原因并不准确，但这条推论还是能够成为安全学科的重要理论基础之一。因此，海因里希的因果连锁理论或者事故致因链促进了事故致因理论的发展，具有重要的历史地位。

仔细分析海因里希的因果连锁理论，还可以知道，它提出的事故致因链，只是从引发事故者的个人特质层面进行的，是古典事故致因理论。自海因里希之后，北川彻三等对事故因果连锁理论进行了修改，其理论见表 3—1。到 1976 年，博德和罗夫特斯（Bird and Loftus）提出将"管理"作为图 3—6 中的第一块骨牌时，个人特质层面的"单链条"古典事故致因理论就已经结束而发展成为研究引发事故者个人和其外在影响因素的"近代事故致因链"了，但是后来的发展都是在海因里希的"单链条"古典事故致因链基础上发展起来的。

表 3—1　　　　　　　　　　北川彻三事故因果连锁理论

根本原因	间接原因	直接原因	后果
学校教育的原因 社会的原因 历史的原因	技术的原因 教育的原因 身体的原因 精神的原因 管理的原因	不安全行为 不安全状态	事故、伤害

四、高登的事故致因链

高登（Gordon）认为，事故是由事故引发者的个人特质及影响个人特质的多方面因素所引起的。1949 年他提出，人所在的环境因素、与人接近的媒介物因素、人的个人特质三者都是事故的原因，而海因里希的骨牌理论只是从事故引发者个人特质发展这一个单链条上找事故的原因，单链条的事故致因链不能全面揭示事故的原因。高登虽然使事故致因链的研究内容有了较大的扩展，但是这仍然是事故"浅显"原因的简单组合（见图 3—7）。在寻找事故原因时需要进行大量的事故统计分析，再逐个消除。由于有些事故原因过于分散，统计样本数量不够而难以得到最终结果，无法应用于事故预防和处理；如果样本很大则工作量巨大。如 2003 年发生的"非典"，由于疾病的发生与多种因素有关，如饮食、接触的人、周围的环境等，研究人员在进行大量分析后也仍未找到关键致病因素。

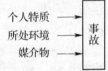

图 3—7　多因素的事故致因链

五、哈登等的事故致因链

1961 年，吉布森（Gibson）提出：事故是不正常的或不期望的能量释放的结果。1966 年哈登（Haddon）引申了上述观点并提出：人受伤害的原因只能是某种能量的转移，并提出了能量逆流于人体造成伤害的分类方法。第 Ⅰ 类伤害是由于施加了超过局部或全身性的损伤阈值的能量而产生的，如机械伤害、烧伤等。第 Ⅱ 类伤害是由于影响了局部或全身性能量交换引起的，如由机械因素或化学因素引起的窒息（例如溺水、一氧化碳中毒、氰化氢中毒等）。该理论的原理如图 3—8 所示。

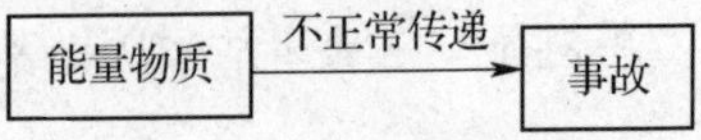

哈登的事故致因链和前面的不同，它不是从

图 3—8　物理层面的事故致因链

事故引发者个人特质层面来描述事故原因，而是从物理层面描述事故原因，但是仍然没有阐明物理层面原因的广泛影响因素，所以仍然是一个单链条的古典事故致因链。根据这个事故致因链，实用中可以采取增加物理屏障的工程技术方法来屏蔽能量和物质的不正常传递，实现预防事故的目的。据说哈登本人作为美国高速公路的最高管理者时曾经设计路侧屏障以减少车祸事故。哈登关于事故原因的研究结论的缺点是没有揭示物理层面问题的广泛影响因素，使得预防事故的手段不够综合，而且由于意外转移的机械能（动能和势能）是造成工业伤害的主要能量形式，这就使按能量转移观点对伤亡事故进行统计分析的方法尽管具有理论上的优越性，然而在实际应用上却存在困难，尚待于对机械能的分类做更加深入细致的研究，以便对机械能造成的伤害进行分类。

第四节　近代事故致因链

近代事故致因链的研究大约于 20 世纪 70 年代至 80 年代形成和发展，并逐步在 20 世纪 80 年代以后形成比较稳定的认识。

一、威格斯沃斯的事故致因链

威格斯沃斯（Wigglesworth）1972 年从教育的角度提出事故致因链（见图 3—9），他认为，人由于缺乏知识和教育会产生过错（其实也是不安全动作和不安全状态），过错会导致事故。而这种过错是管理安排的结果，事故引发者个人是不应该受到责备的。同时，他指出，加强教育培训可以减少事故的发生。威格斯沃斯的事故致因链中的间接原因是知识缺乏，根本原因是管理安排的教育缺乏，这两者已经脱出了事故引发者个人的特质原因，相比以前的事故致因链已经有了很大的进步。

缺乏教育培训 → 缺乏知识 → 过错 → 事故

图 3—9　教育角度的事故致因链

二、博德、罗夫特斯等的事故致因链

博德和罗夫特斯（Bird and Loftus）第一次将管理（活动）明确地引入到事故致因链当中，避开了以前从个人特质方面寻找事故根源的做法，较大地更新了海因里希的事故致因链（见图 3—10）。管理活动事实上是组织的整体行为的表现，这比单链条的事故致因链所涉及的事故原因更广泛。从图 3—10 能够看到，与古典事故致因链不同，其研究事故的直接原因时进行了综合考虑，已经不是仅仅从个人的特质上找原因了，而是认为事故的直接原因从根本上说来源于人所在组织的管理活动。博德和罗夫特斯的观点与 1978 年皮特森（Petersen）提出的"要宽泛理解多米诺骨牌理论、查找事故背后的组织原因、组织要有控制事故的方案"及 1980 年约翰逊提出的"避免组织疏忽"等观点都十分类似。他们的观点都是主张加强组织管理，而不只强调事故引发者个人的先天特质。

当然，博德和罗夫特斯乃至皮特森、约翰逊等，他们都没有把管理一词结构化、具体化，并没有阐明管理（活动）究竟包括些什么内容。常听到一些管理人员说管理不到位、安全监管不到位，实际上是安全知识缺乏的表现，易导致事故的发生。而且关于基本原因（见图 3—10）也没有明确阐述。

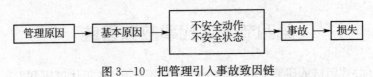

图 3—10　把管理引入事故致因链

第五节　现代事故致因链

现代事故致因链，主要是把近代事故致因链中事故的根本原因（即管理因素）具体化为几类因素，并具体阐明基本原因，为事故预防实践操作提供了良好的途径。提出事故致因链的有 Stewart（2000）、Reason（1990）、Rasmussen（1995）、Leveson（2004）等。

一、瑞士奶酪模型

瑞士奶酪模型是 1990 年由曼彻斯特大学的 Jame Reason 提出的，认为防御、障碍和安全保护在系统方法中占有非常重要的位置。高度技术化的系统具有多重防御：有些是工程化的（警告系统、物理障碍物、自动停机等），有些则是依赖于人的（控制室操作员等），还有一些依赖于程序和管理控制。它们的功能是保护潜在的受害者和资产免受危害。大多数措施是有效的，但是也有一些常常无能为力。

理想情况下，每一层防御都是静态的。不过，现实情况是，它们更像是瑞士奶酪的不同切片，有许多孔洞，不过与奶酪的孔洞不同的是，这些漏洞经常开、关并改变位置。一个切片上的孔洞不一定会造成坏的结果。通常，当这些孔洞在同一水平线上的时候，就会产生一些错误，如图 3—11 所示。

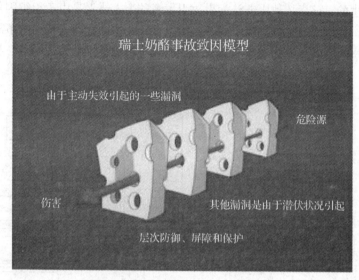

图 3—11 Reason 的瑞士奶酪模型

Reason 认为奶酪中的孔洞可能来源于两个原因：主动失效（Active Failure）和潜伏状况（Latent Condition）。几乎所有的负面事故都涉及这两个因素。主动失效是人所做的不安全动作，这种动作有很多形式：滑动、失误、摸索、错误、违反程序。主动失效对防御系统的影响是直接的，通常都是短暂的。潜伏状况是系统内的不可见"病原体"，产生于设计师、程序员或者高层管理人员的决策。这些决策也许是错误的，虽然本不该如此。所有的这些战略决策都有可能带来"病原体"。潜伏状况有两种负面效应：它们在工作区可能会转化成引发错误的因素（例如时间压力、人手不足、设备不够、疲劳、缺乏经验等）和在防御系统中产生永久孔洞和薄弱之处（例如不值得信赖的警告和指示、不切实际的工作程序、设计和结构缺陷等）。潜伏状况可能会在系统中存在数年，直到与主动失效以及其他引发因素相结合造成事故。与主动失效不同的是，潜伏状况在负面事件发生之前是能够被发现和补救的。理解这一点就容易做出积极的管理，而不是消极应对了。例如，主动失效就像是蚊子，它们被赶走后还会来，最佳的补救方法是采取积极有效的防御措施或者排干滋养蚊虫的沼泽地。这里，沼泽地就是潜伏状况。

简而言之，Reason 认为事故的发生是由于事故引发者的不安全动作引起的，不安全动作是由于其生理、心理、精神状态不佳产生的，而不佳的心理、生理、精神状态则是由于其所在部门监管不到位引起的，监管不到位最终是由其所在组织高层的组织因素所产生的。该事故致因链认为事故引发者的个人错误是由于组织因素或者组织行为决定的，比海因里希的事故致因链进步很多，比博德和罗夫特斯的事故致因链更加明确了对事故引发人、引发事故有重要控制或者影响作用的管理因素、组织行为的具体内容，如图 3—12 所示（Reason 1990，Salmon 2012，Shappell&Wiegmann，2000）。他告诉人们，要预防事故需从组织开始，这十分重要。

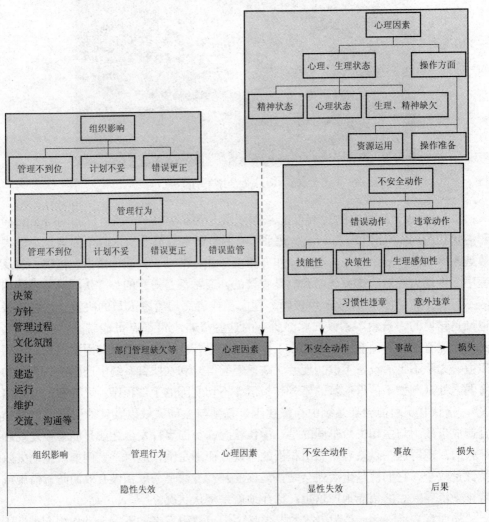

深灰度为 Reason 模型；浅灰度为 Shappell 和 Wiegmann 对其各模块所做的解释

图 3—12　Reason 的事故致因链及 Shappell 和 Wiegmann 对其的具体化

（引自 Salmon et al，2012）

遗憾的是 Reason 的事故致因链不但没有考虑物态对事故发生的影响，更重要的缺欠是 Reason 没有清楚定义组织行为、部门管理、个人心理、生理、精神等各个模板（见图 3—12），以致使它们之间没有明确的分界，导致应用其分析事故非常不便。Shappell 和 Wiegmann 尽管部分地列出了 Reason 事故致因链各个模块的具体内容，但是由于没有对模块进行严格定义，因此对模块的内容是列不全面的，而且所列内容间也会有许多交叉，应用其分析事故原因时，会得到很多不同结果，故其仍然应用不便。

二、斯图尔特的现代事故致因链

如图 3—10 所示的事故致因链中还有两个问题：第一，"管理原因"的具体内容究竟是什么？第二，基本原因（实际是间接原因）是什么？斯图尔特（Jim Stewart）的事故致因链（见图 3—13）分两个层面回答了这些问题。斯图尔特在2000 年发表的书中，首先将安全管理分为两个层面，第一层是管理层以及他们的言行投入（Management Vision and Commitment），第二层是由组织各个部门对安全工作的负责程度、员工参与和培训状况、硬件设施、安全专业人员的工作质量四个方面组成。对比图 3—10，可以说图 3—13 中安全管理的两个层面的内容就是事故的管理原因和基本原因。从预防事故的角度来说，这两个层面是安全工作的基础和推动力。这个事故致因链不但考虑了事故的直接原因，而且还比较具体地给出了间接原因和根本原因。

斯图尔特的事故致因链，把管理原因基本上算作是管理层的活动，认为它是导致事故的根本原因，也是安全业绩产生的源泉，而把中层部门和设备算作是导致事

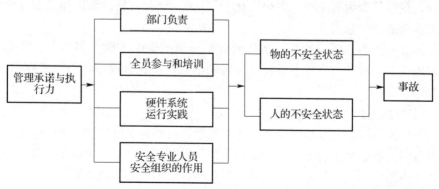

图 3—13　斯图尔特的现代事故致因链

故的间接原因和安全业绩的推动力。这个事故致因链的根本原因、间接原因依然不够具体，还需要进一步具体化。

三、事故致因 "2—4" 模型

1. 事故引发者引发事故的行为链

在海因里希、斯图尔特的事故致因链的基础上，作者及其课题组提出了事故致因 "2—4" 模型（见图 3—14），它也是一个现代事故致因链。链中事故的直接原因仍然是海因里希提出的事故引发者的不安全动作和不安全物态，但是把斯图尔特事故致因链中的事故的间接原因通过大量的案例分析（见本章附录）后具体化为事故引发者的安全知识不足、安全意识不强和安全习惯不佳；把事故的根本原因具体化为事故引发者所在组织的安全管理体系缺欠；把事故的根源原因具体化为事故引发者所在组织的安全文化缺点。安全管理体系（Safety Management System, SMS）指的是安全管理方案，可以是按照管理体系标准（如 OHSAS 18000 系列标准等）建立的，也可以不是按照管理体系标准建立而自然形成的，包含体系文件和运行过程；安全文化则是从根本原因中分解出来的、指导安全管理体系形成的指导思想。在这个事故致因链中，把事故的主要直接原因（不安全动作，见本章事故归因论一节）看作是事故引发者个人的一次性行为，把事故的间接原因，即安全习惯、安全知识、安全意识这三者一起看作是事故引发者个人的习惯性行为，把安全管理体系文件及其执行过程、安全文化看作是事故引发者所在组织的组织行为。这样根据组织行为学原理和 James Reason 的观点，就可以把这个事故致因链描述为事故引发者的"一次性行为来自于习惯性行为，习惯性行为来自于其所在组织的组织行为，组织行为为其组织的安全文化所导向"。至此，事故致因模型和这个现代事故致因链就建立起来了。

从图 3—14 中还可以看到，事故的发生是组织和个人两个层面上的指导、运行、习惯性、一次性四个阶段的行为发展的结果，因此该模型称为事故致因 "2—4" 模型。

2. 事故发生的内部影响链

前面叙述的仅仅是事故引发者个人引发事故的行为发展过程。但一般而言，事故引发者引发事故时是会受到同组织的其他人影响的，会有一个组织内部的行为影响链条。内部影响链指的是与事故引发者在同一组织内的其他人影响事故引发者而引发事故行为的作用链条。此处所指的同一组织内的其他人，可能是事故引发者的上下级、同伴等，他们与事故引发者受同一种安全文化即图 3—14 中的 1.9 指导、

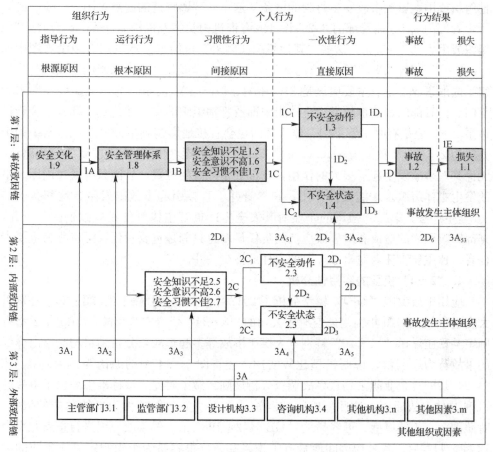

图 3—14 事故致因"2—4"模型

运行同一种安全管理体系 1.8、以同一种方式形成其习惯性行为 2.5～2.7。事故引发者产生违章指挥、不当培训或错误劝说等不安全动作 2.3 或造成不安全物态 2.4 时，由于"心理—行为"关系的原因，只能沿着 2D—2D$_4$、2D—2D$_5$ 的路线影响事故的发生，但不会沿着某个行为路线直接影响 1.3 而导致事故的发生。同一组织内的其他人的行为影响链对事故发生起的内部影响作用比下面要谈的外部影响作用密切得多，因此他们应该是主要责任者。

3. 外部影响链影响事故发生的方式

事故引发者引发事故，不但受到本组织其他人影响，还会受到外部组织和因素的影响，也会有一个外部行为影响链条。外部影响链是事故发生主体组织以外的其他组织或因素影响事故发生行为的链条。这个外部影响链的起点是图 3—14 中的若干主管部门 3.1、监管部门 3.2、设计或咨询机构及其他机构 3.3~3.n 等组成其他组织或因素 3.1~3.m。这些"其他组织或因素"可能单个或者组合地沿着图中的 $3A-3A_1$、$3A-3A_2$、$3A-3A_3$、$3A-3A_4$ 的一个或几个路线来影响事故发生主体组织内的事故发生。主要应该是 $3A-3A_1$、$3A-3A_2$ 两条行为影响路线,即主管部门、监管部门影响事故发生主体组织即所管辖组织的安全文化 1.9 和其安全管理体系 1.8,但是有时主管部门、监管部门也会直接地影响到事故发生主体组织的个人行为 2.5~2.7 和 1.5~1.7 以及物态 1.4。外部影响链无论通过哪条行为路线、无论其对事故发生起了多大的作用,它都处于外因的位置,外因只有通过内因(事故发生主体组织)才能发挥作用,它本身并不直接引起事故的发生,这和我国的《安全生产法》第二章强调的企业对其安全生产负有主体责任是一致的。基于此,外部影响因素的造成者对事故应负的责任最多也只能是重要责任,可以称为重要责任者,比主要责任者对事故应负的责任应该少一些。

4. "2—4"模型的实用性分析

应用事故致因"2—4"模型分析了 2012 年包茂高速公路上的"8·26"特别重大交通事故、2010 年河南航空有限公司的"8·24"伊春空难事故、2011 年云南省师宗县私庄煤矿"11·10"特别重大煤矿事故等多起事故,分析结果均能给出详细的事故行为原因链,说明模型比较实用。还将图 3—14 中的原因与国家标准 GB 6442—1986《企业职工伤亡事故调查分析规则》做了对比。该标准中列出了事故的 11 种具体事故原因,这些原因间的逻辑关系不明显,很难作为事故预防的依据。对照图 3—14 的模型,可容易地对 GB 6442—1986 给出的事故原因进行重新归类为 12 种,归类后,各种原因间便具有了逻辑联系,很容易为组织制定事故预防的策略所用(见表 3—2)。

表 3—2   GB 6442—1986 的 12 种事故原因及其重新归类

					与 GB 6441、GB 6442 对比
序号	原因	原归类	原归类评价	实质解析	新归类
1	安全防护装置—防护、保险、联锁、信号等装置缺少或有缺陷	直接原因	正确	不安全物态	直接原因
2	设备、设施、工具、附件有缺陷	直接原因	正确	不安全物态	直接原因
3	个人防护用品、用具缺少或有缺陷	直接原因	正确	不安全物态	直接原因

序号	原因	原归类	原归类评价	实质解析	新归类
4	生产（施工）场地环境不良	直接原因	正确	不安全物态	直接原因
5	没有安全操作规程或不健全	间接原因	错误	安全管理体系	根本原因
6	劳动组织不合理	间接原因	错误	不安全动作	内部影响原因
7	对现场工作缺乏检查或指导错误	间接原因	错误	不安全动作	内部影响原因
8	技术和设计上有缺陷	间接原因	错误	设计机构	外部影响原因
9	教育培训不够或未经培训	间接原因	错误	不安全动作	内部影响原因
9	缺乏或不懂安全操作知识	间接原因	正确	知识不足	间接原因
10	没有或不认真实施事故防范措施，对事故隐患整改不力	间接原因	错误	不安全动作	内部影响原因
11	违反操作规程或劳动纪律	直接原因	正确	不安全动作	直接原因
12	其他				

由表3—2可知，按照"2—4"模型归类事故原因和按照GB 6442—1986归类事故原因，得到的归类结果是不一样的，但是两者却是有明确对应关系的，而且前者能够解决后者解决的问题，而且原因的定位更加合理准确，得到的解决结果也更有逻辑性，说明前者"2—4"模型是实用的。

5. 事故责任者的定义

事故哪种原因的制造者就应该是事故的哪种责任者。按照图3—14，可定义事故的各种责任者（见表3—3）。需要说明的是，这里的"内部影响责任者""外部影响责任者"是其影响事故引发者的距离即影响路径长短的表达，不代表影响作用的大小。所以若在事故分析报告中有表达责任大小的需要时，可以使用"更大""更直接""更根本"等表达方式，以示区别。此外，图中"内部影响""外部影响"都是定性的，这为按照事故责任大小妥善处理事故责任者及其责任提供了空间。

表3—3　　　　　　　　事故的各类责任者定义

责任者名称	定义	所在组织
直接责任者	不安全动作的发出者或者不安全物态的制造者	事故发生主体组织
间接责任者	事故引发者的培训、指导、领导者	事故发生主体组织
根本责任者	主持安全管理体系的制定者	事故发生主体组织

续表

责任者名称	定义	所在组织
根源责任者	主持安全文化的建设者	事故发生主体组织
内部影响责任者	事故引发者的指挥、劝说、指导者等	事故发生主体组织
外部影响责任者	事故主体组织外、影响事故主体组织及事故引发者行为的人或者组织	其他组织

注：内部影响责任者可以称为"主要责任者"，外部影响责任者可以称为"重要责任者"，前者比后者对事故发生的作用更大一些。

6. "2—4"模型的重新规划

如果把图 3—14 中的"内部影响链"中的"安全知识不足、安全意识不强、安全习惯不佳"和"不安全动作、不安全物态"合并入"事故致因链"的同类项目，加入事故引发者的"个人心理影响"，把"外部影响链"中的"主管部门、监管部门及其他机构、其他因素"对事故发生的综合影响合并为"安全监管及自然因素等"，这时"2—4"模型就可以表达为如图 3—15 所示的简单形式。这个事故致因链可以用于任何行业、任何类型事故（QHSSE 五类事故）的原因分析。

7. "2—4"模型的预防意义

图 3—14、图 3—15 及文献所描述的是事故致因模型和事故的原因分析方法，它们表达了个人心理—个人行为—组织行为在事故引发过程中的关系，也表达了在事故引发者引发事故的过程中，其行为与组织内、外的影响行为间的路径关系。如果对图 3—15 稍做修改，将事故变成安全业绩，将损失改为收益，将不安全的方面改为安全的方面，则事故致因图就变成了事故预防图，可以看到事故预防的原理。

四、事故致因模型中各个模块的定义

1. 事故：人们不期望发生的、造成损失的意外事件，可以是 QHSSE 中的任何一种。

2. 损失：包括死亡、伤害、工作中所得的疾病，经济损失，环境破坏共三个方面。任何事故都有且仅有这三方面的损失。

3. 不安全动作：即一次性行为，是引起当次事故或者对当次事故发生有重要影响的动作，是可见的、"显性"的（Active Failure）。不安全动作可能是组织内各个层级人员发出的，只要是个人发出的，无论这个人处于哪种层级，都是个人行为。

4. 不安全物态：指引起当次事故的不安全物态，它由不安全动作或者习惯性

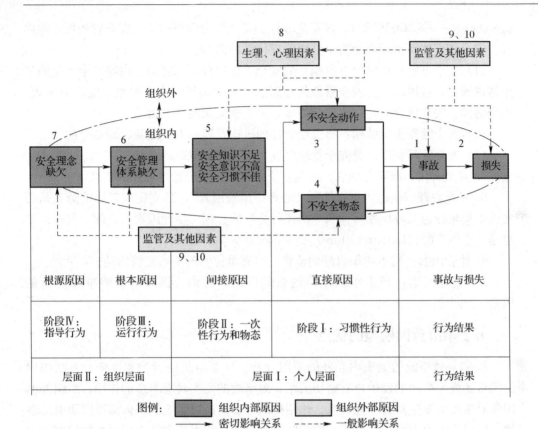

图3—15　事故致因"2—4"模型（傅贵等，2005，2013，2014）

行为产生。

5. 习惯性行为：指安全知识、安全意识、安全习惯三项内容，是"隐性"的（Latent Failure）。

（1）安全知识：指引起不安全动作或不安全物态相关的知识，该知识的缺乏（即"不知道"）导致了不安全动作或者不安全物态的发生，进而引起事故。

（2）安全意识：指及时发现和及时消除危险源的能力。安全意识的欠缺会导致不安全动作或者不安全物态的发生，进而引起事故。

（3）安全习惯：指平时的习惯即平时的做法（即"平时就是这么做的"）。平时习惯不佳会导致不安全动作或者不安全物态的发生，进而引起事故。

6. 安全管理体系：指的是按照或者不按照管理体系标准（如 OHSAS18000、ILO—2001 等标准）建立的安全管理体系（Occupational Health and Safety Man-

agement System，OHSMS），含安全方针、安全管理组织结构、安全管理程序等内容。安全管理体系实际上是安全健康管理体系的简称。

（1）安全方针：是单位（组织）的安全工作的总指导思想，也即安全文化的集中体现形式，也可以称为安全管理指导思想、安全宗旨、安全愿景、安全价值观、安全信仰、安全理念等。一般比较简短，是安全文化的高度概括。

（2）安全管理组织结构：指安全管理的机构设置、人员配备、职责分配。

（3）安全管理程序：是安全管理制度、措施、规章等的总和。

7. 安全文化：即安全理念，分为若干条目，是安全指导思想的集合体。

8. 安全心理、生理因素：简称"心理、生理因素"，是支配或者影响员工是否发生不安全行为（习惯性行为和一次性行为）的心理、生理因素。心理、生理因素也是"隐性"的（Latent Failure）。

9. 监管因素：指本组织以外的监督、检查单位等的不当监管活动。

10. 其他因素：指本组织以外的自然因素，咨询、设计等影响事故发生的因素。

五、事故致因模型的优点

1. 将导致事故的组织内、外的原因分开。从对事故的影响程度来看，组织内的因素始终与事故的发生具有密切关系，对事故的发生具有本质的作用；组织外的因素对事故的发生具有一般关系，作用机理主要是通过影响组织内部原因而引发事故，所以影响力有限。这说明，要预防事故，首先要进行事故内部因素的控制，而不能依靠外部因素，也就是说预防事故的主体是组织本身。

2. 将组织原因、个人原因分开，清晰地定义了组织行为层面和个人行为层面的事故原因内容。组织原因为导致事故发生的根源及根本原因，个人原因是间接和直接原因，这说明组织因素对于事故引发者个人具有影响和控制作用，符合"个人行为决定于组织行为"这一组织行为学原理。

3. 将组织层面因素中的组织文化和组织管理体系分开，并对其进行定义，解决了 Reason 模型中组织行为、部门管理模块缺乏清晰界限的问题，便于将事故原因进行分类。

4. 将个人层面中的习惯性行为和一次性行为分开，明确其引发事故的机理。

5. 将心理、生理因素与行为原因分开。心理、生理因素对行为这个事故原因肯定有影响，但是目前尚不能确定哪些心理、生理因素对于行为（事故的明确原因）的影响比较明显。这样可以先解决事故的明确原因。

6. 将造成事故的动作、物态原因分开。这样，便于应用工程技术解决不安全物态这个事故原因，应用行为控制方法（狭义的"管理"）解决不安全动作这个事故原因。

容易区分，意味着事故原因分析变得容易，据此制定的事故预防对策比较准确和有效。需要注意的是，"2－4"模型中人的不安全动作不一定只是一线员工发出的。凡是个人的生理动作，都是动作，如果其不安全，便是个人行为层面的不安全动作。

第六节 事故归因论

前边讨论的事故致因链是预防事故基本路线的理论基础，是事故致因理论的第一部分。事故归因理论则是对事故的原因（主要是直接原因）进行分类，为事故预防具体策略的制定提供理论基础，是事故致因理论的第二部分。本章讨论的事故归因论主要是讨论事故的直接原因的分类。

一、海因里希提出的事故归因论

海因里希在其古典事故致因链中，把事故的直接原因归结为人的不安全动作和物的不安全状态。他提出事故致因链后，对这两个直接原因的重要性进行了研究。他在保险公司工作期间，有机会接触到大量的事故案例。在统计分析了美国的 7.5 万起伤害事故的原因后得出了重要结论：88％的事故是由于人的不安全动作引起的，10％的事故是由于物的不安全状态引起的，另外 2％的事故因随机性太强而不易归类（由于历史的局限，他当时认为是"上帝"的旨意）。对上述进行简单归纳就是，在事故的原因类别上存在"2·8"定律，即大约 80％的事故由人的不安全动作所引起，大约 20％的事故由物的不安全状态所引起。

后人将上述的重要结论称为事故归因论。这一观点非常重要，它表明，预防事故必须采取综合策略，既要解决"人"的动作问题，也就是既要（狭义的）管理策略，即行为和动作控制，也需要工程技术策略解决"物"的问题。可以说，它是安全学科最重要的理论基础之一。

应该指出，海因里希在提出"2·8"定律时，并没有阐述员工个人的不安全动作与其所在组织的组织行为和组织文化之间的关系，所以为工会组织所反对，也有为工厂主解脱安全责任之嫌。工会认为，事故的发生如果都是工人自己的不安全动作引起的，那么工人受到事故伤害的责任在工人本身，在"补偿不究过失"的法律制度还不太健全的时代，工人很难获得工伤补偿，工会也难以站在工人角度保护工人利益；工厂主则可以说事故的责任在于工人而不在于自己的管理活动。这是海因里希没有从整体上全面阐述事故原因，没有阐述事故原因的组织行为、文化等根源性原因所引起的负面问题。本书提出的事故致因模型已经基本上解决了这个问题。

二、关于事故归因的实证研究

海因里希认为事故的主要直接原因是人的不安全动作，次要直接原因是物的不安全状态。这一重要结论在现代研究中也得到了比较充分的验证。在安全管理方面很优秀的美国杜邦公司近年完成的一项为期十年的统计表明，人的不安全动作导致了96％的事故发生（见表3—4），而物的不安全状态仅仅导致了4％的事故发生。这个结论以更准确的数据加强了海因里希的事故归因论。杜邦公司也在此结论指导下为其世界各地的工厂创造了优异的安全业绩，同时，该公司的安全咨询部门（DuPont Safety Resources，DSR）的400多名安全顾问靠"96％"这个数字每年在世界各地为航空、石油、煤炭、建筑行业等的许多企业做了大量的安全管理咨询，为被咨询的企业也创造了优秀的安全业绩，DSR本身也赢得了巨额财政收入，并为其本身的安全防护、化工等产品开拓了广大的市场。

表3—4　　　　　　　失能及受限制工作日伤害事故的原因分析

序号	不安全动作	导致事故的比例（％）
1	个人防护装备佩戴问题	12
2	人员的工作位置不当	30
3	人员的反应不准确	14
4	工具使用不当	20
5	设备使用不当	8
6	操作程序错误	11
7	工序错误	1
8	不安全动作导致的事故总比例	96

注：本表中的数据来自于杜邦公司咨询人员的一次演讲的讲稿，仅供参考。

和我国有很密切的合作关系的美国国家安全理事会（National Safety Council，NSC）也曾经统计过事故发生的直接原因及其归类，得到了90％的事故是由于人的不安全动作所引起的结论。我国的文献认为，人的不安全动作是85％以上的事故的直接原因。用"百度"等网站搜索工具，还可很容易找到其他类似的研究结果。

　　上述研究都以相近的统计结果证明，保守地说，80％以上的导致事故的直接原因是人的不安全动作，20％以下的导致事故的直接原因是物的不安全状态。但是这个结论作为安全学科基础知识之一，尚未被我国所有的安全管理专业人员和企业管理者所接受，一些企业负责人也不敢宣传上述数据比例，其顾虑是，如果说事故的绝大多数原因是人的不安全动作，而人的动作是可以控制的，出了事故就是没有控制好，那就意味着企业负责人对事故负有责任。不敢宣传，员工就不理解，不理解就会出事故，而安全法规规定，企业负责人是企业安全的第一责任人，可见不宣传事故归因论，并不能免除事故的责任。所以，企业负责人应该排除顾虑，大胆宣传科学才是避免事故、避免责任的正确

图 3—16　事故归因论宣传图片

做法。图 3—16 所示是某企业的宣传图片，做得很好，把事故的人为因素导致88％的事故的这一科学道理明确地写在一把钥匙里面，让工人彻底记住。

三、不安全动作和不安全状态举例

　　为更清楚地理解不安全动作和不安全状态，这里举出几个典型的可能引起或者已经引起事故的不安全动作和不安全状态的例子。不安全动作和不安全状态其实都至少有三种：一是根据经验可能导致事故的；二是事故案例中表现出来的；三是违反法规规定的。虽然这三种可能有交叉和重复，但它们却是很好的识别方法。

　　1. 不安全动作的实例

　　图 3—17 所示是不安全行为的实例。它描述的是一名司机把车停在了人行横道上，这是法规所不允许的，他自己还自言自语地说"没有禁停标志"，其实这是他不懂法规才做出的不安全动作。人行横道本来就不是停车的正确位置。

　　2. 不安全状态的实例

　　图 3—18 所示是不安全状态的实例。开关处于这样的状态肯定是极不安全的，在此状态下，发生短路基本上是不可避免的。

图 3—17 不安全行为的实例——
随处停车的行为

图 3—18 不安全状态的实例——
线路的不安全状态

四、关于事故原因的其他提法

关于事故的原因也有其他的提法，如事故是由人的不安全动作、物的不安全状态、环境的不安全状态引起的，即"人—机—环"的说法，其中的"机"应该是指生产工具或者劳动对象，"环"可能指的是环境设施。还有类似的说法，如安全事故的原因是"人—机—料—法—环"，其中"料"可能指的是生产材料，"法"可能指的是法规规定。还有人说，安全事故是由社会、心理原因造成的，所以预防事故是个"系统工程"等。但是没有人能清楚区分生产工具或者劳动对象与环境设施、生产材料之间的关系，也没人能够说明白怎样使用"人—机—环""人—机—料—法—环"的"原理"去预防事故。如果把安全事故归为"社会心理原因""系统原因"等，就会使人看不清楚事故的真正、具体原因，不知道预防事故应从何处着手，从而导致事故责任模糊、预防手段模糊，安全科学真正变为谁也不懂的复杂、含混的科学了。所以，作者不赞成这些说法，只主张把环境、材料因素等都归为物的方面，把人的原因归为个人行为和组织行为，把事故的直接原因描述为"人的不安全动作和物的不安全状态"，按照事故致因模型的路线来预防事故。

第七节　安全累积原理

前面的事故致因链、事故归因论基本上是研究一起事故的原因的，而安全累积原理（也被称为"事故三角形理论""海因里希法则"等）是研究损失量不同即严重程度不同的事故类别之间的关系的，它揭示了严重事故、重大事故的产生原因，所以可以说它也是事故致因理论的一个重要部分，为重大事故预防提供了重要的理论基础。

一、理论描述

海因里希在调查了5 000多起伤害事件后发现，大约在330起事件中，有29次造成了轻伤，有1次造成了重伤，这些事件、伤害发生之前，可能已经存在或者发生了数量庞大的不安全动作和不安全状态。即严重伤害、轻微伤害和没有伤害的事件数之比为1：29：300，这就是著名的安全累积原理，也是海因里希法则、海因里希事故三角形理论（见图3—19）。图中最下面的1 000…000表示大量隐患。在实际统计中，这个比例的具体数值有可能发生变化，但是大致会维持这样一个比例。上述只是一个比例关系，并不是说一起重伤发生之前一定要发生300起无伤亡事件或者29次轻伤，重伤也有可能在第一个事件时就发生。需要注意的是，海因里希这里是把每个人经历1次（可能没有受伤，也可能受轻伤、重伤或者死亡）的事件称为1个事件，多人同时经历1次的事件，有多少人就是多少个事件。当然，如图3—19所示的海因里希事故三角形也可以按照通常的事故次数来理解。

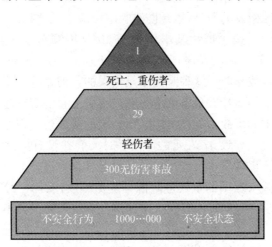

图3—19 海因里希事故三角形理论图

描述安全累积原理的事故三角形，可以有不同的画法，但是表达的含义都是一样的。博德曾经也有一种画法。

海因里希的安全累积原理揭示了事故的严重度和事故发生的次数或者频率之间的关系。其含义是，如果轻微事故（比如尚未造成任何损失的"违章"现象）的发生频率很大，次数达到一定数量，造成严重损失的重特大事故可能就无法避免了。所以严重事故是轻微事故、日常管理缺欠累积的结果。事实上，海因里希的事故三角形理论是"人生普通哲理"在安全科学中的具体体现，在日常生活中能发现很多这样的实例。

二、对重大事故预防的应用意义

根据事故三角形理论，要预防重大事故，实现我国新闻报道中说的"坚决遏制百人以上重特大事故""建立安全生产长效机制"，就必须从日常细节的管理开始，严格控制轻微事故以及点滴不正常现象的发生，而绝对不能够对日常的轻微不安全现象采取"无所谓"的态度。正像"知识的问题是一个科学问题，来不得半点虚伪和骄傲"一样，安全问题也是一个科学问题，来不得虚伪，"说起来重要，干起来不要"的态度是不可能遏制重大事故发生的。

海因里希的事故三角形理论为（组织的）重大事故预防提出了最基本的理论途径。

关于重大事故的发生原因和预防途径还有另外一种观点，那就是"重大事故的发生是由重大危险源引发的"，所以预防重大事故应该从"控制重大危险源"开始。国际劳工组织（ILO）按照这种基本思想于 1993 年颁布了 174 号国际公约，即《预防重大工业事故公约》(Prevention of Major Industrial Accidents Convention)，来指导各国的重大事故预防。这种观点不是错误的，但是并不全面。首先，在发生事故之前，人们并不知道什么是重大危险源，历史上曾经有很多不被视为重大危险源的设施却导致了重大事故，如在我国某市公园的景观桥上曾经在元宵节观灯过程中发生重大踩踏事故，导致 37 人死亡，在平时人们并没有把这个景观桥看作是重大危险源，其宽窄、容客量也没有严格的计算与控制。其次，174 号国际公约及各国规定的重大危险源（我国的重大危险源标准见 GB 18218—2009《危险化学品重大危险源辨识》）都是有限的，因存在太多的例外而应用意义并不大。第三，即便是重大危险源的管理，也还是要应用事故三角形的理论原理，加强日常细节管理。所以，事故三角形所阐述的安全累积原理对于事故预防来说具有特别重要的意义。

三、实际应用

安全累积原理可为很多事故案例所例证。美国萨戈煤矿 2005 年被安全监察部门监察 93 天，共计 744 h，监察时间比上年增加 84%；监察部门共签发了 208 个整改令，关闭过 18 个区域，与该矿的管理层会面达 21 次之多。这些数字说明该矿

2005 年安全问题十分严重，重大事故发生的可能性很大。果然，在 2006 年 1 月 2 日发生了一起致使 12 人死亡、1 人重伤的瓦斯爆炸事故（事故矿的外景见图 3—20）。该起事故发生后的调查表明，该矿在矿用密闭墙建造、自救器管理、员工培训等多方面存在不合规现象。如密闭墙在制造过程中未按照要求制作，耐压力不达标；自救器的记录不全，有过期现象；工人因

平硐的开口处

图 3—20　美国事故矿外景

培训不到位而不会使用自救器。可见，该起瓦斯爆炸事故的发生完全是小事故、一般事故、日常管理疏忽事件累积的结果。

2005 年 12 月，我国陕西省陈家山煤矿在井下已经存在多处自燃发火区域，工人已经觉察到了井下工作场所危险性的情况下，仍然被安排到现场工作，结果在一个月后发生了一次当时是 44 年来我国煤炭行业最大的瓦斯爆炸事故，导致 166 名矿工遇难。实际上，这起事故也可以看作是小事件累积的结果。如果该矿的管理层和工人能够认识到安全累积原理的重要性，就有可能预先解决这些事故迹象，从而避免事故的发生。

上述案例说明，对安全累积原理缺乏理解就会导致重大事故的发生。

第八节　事故的规律性归纳

本章介绍了古典、近代、现代事故致因链，对事故直接原因进行分类的事故归因论，以及描述了多个事故统计规律的安全累积原理。根据这些事故致因理论，可以将事故的基本规律性归纳如下：

第一，根据海因里希等前人的研究结果，可以推知，一切事故都是有原因的。在安全管理实践中，这一条基本规律有不同的表达，如一切事故都是可预防的，"零事故"是可以实现的等。

第二，根据海因里希的事故归因论，事故的直接原因可以分为人的不安全动作和物的不安全状态。这就是说，预防事故既要采取工程技术手段，也要采取行为科学手段。

第三，根据安全累积原理（也是海因里希提出的），任何大事故都是小事故、

小事件或者平时的管理缺欠所造成的，所以预防重大事故、"建立安全生产长效机制，遏制重特、大事故的发生"需注重"基础管理"。

第四，根据事故致因"2－4"模型和 Reason 的"瑞士奶酪"模型，事故的根本原因在于组织错误。

其实安全科学中可以用到的有用的规律还有一条，那就是墨菲定理。据百度百科"墨菲定理"词条介绍，墨菲是美国爱德华兹空军基地的上尉工程师，1949 年他和他的上司斯塔普少校在一次火箭减速超重试验中，因仪器失灵发生了事故。墨菲发现，测量仪表被一名技术人员装反了。由此，他得出的教训是：如果做某项工作有多种方法，而其中有一种方法将导致事故，那么一定有人会按这种方法去做。简洁的表达是：凡事只要有可能出错，那就一定会出错（If anything can go wrong, it will）。用在安全问题上就是，只要事故有可能发生，那就迟早会发生。所以需要杜绝一切可能发生事故的事项才能预防事故。

思考题

1. 简述事故致因理论的主要内容。
2. 简述事故致因链的演化过程。
3. 简述古典、近代、现代事故致因链的特点。
4. 简述海因里希事故致因链的积极意义和缺点。
5. 简述事故致因模型及其应用意义。
6. 简述事故有哪些主要规律性。
7. 简述事故归因论的研究内容及其应用意义。
8. 简述安全累积原理的内容及其应用意义。
9. 简述我国事故预防策略状况。
10. 简述事故的组织原因。

作业与研究

1. 借助于网络文献，研究 James Reason 的事故致因链。
2. 借助于网络文献，研究文献：Scott A. Shappell、Douglas A. Wiegmann Human Factors Analysis and Classification System－HFACS, Office of Aviation Medicine，2000。

3. 对比上述事故致因理论与"2—4"模型的差别与应用中的问题。

本章附录：事故间接共性原因的分析

事故的直接原因是人的不安全动作和物的不安全状态。但是每起事故的不安全动作和不安全状态都是不同的，如果能找到事故的共性原因并予以减少和消除，则可以预防广泛的事故。此外，有时发现了与某种事故相关的不安全动作或者不安全状态时，已经来不及采取措施消除或者减弱，预防事故的时机已过，因此，发现事故的共性原因十分重要。由于这些共性原因只能体现在间接原因层面，因此称为事故的间接共性原因。运用以下大量的事故案例分析得知，事故的间接共性原因是安全知识不足、安全意识不强、安全习惯不佳。

一、十起瓦斯爆炸事故的共性原因概略分析

根据煤矿安全教科书，煤矿瓦斯爆炸必须同时具备三个条件：瓦斯积聚使得空气中的瓦斯浓度达到爆炸范围（5％～16％）；存在高温热源（或火花）并能点燃含瓦斯的气体；瓦斯－空气混合气体存在的环境中氧气的浓度大于12％。其中，第三个条件在矿井空气环境中一般是始终具备的，所以预防瓦斯爆炸主要是防止瓦斯积聚和限制高温热源的产生。

表3—5列出了我国煤矿2000—2001年发生的全部10次死亡10人以上的重大瓦斯爆炸事故及其高温热源和瓦斯积聚的原因统计数据。

表3—5　　　2000—2001 年的十起重特大瓦斯（煤尘）爆炸事故原因分析

序号	事故时间	事故单位	死亡人数	矿井瓦斯等级	瓦斯积聚的原因	引爆原因	动作的作用
1	2000.9.1	A	14	高	回风上山通风设施不可靠	违章试验灯泡放电产生火花	瓦斯积聚和引爆
2	2000.9.5	B	31	低	风桥破损造成循环风，全矿欠风	金属撞击产生火花	瓦斯积聚和引爆
3	2000.9.27	C	162	高	停电停风	违章拆卸矿灯引起火花	瓦斯积聚和引爆

序号	事故时间	事故单位	死亡人数	矿井瓦斯等级	瓦斯积聚的原因	引爆原因	动作的作用
4	2000.11.4	D	31	低	抽出式通风改为压入式通风，工作面风量不足	放炮引起火花	瓦斯积聚和引爆
5	2000.11.25	E	51	低	工作面通风不畅	违章拖曳电缆，造成短路产生火花	引爆
6	2001.2.5	F	37	高	风流短路使工作面微风	摩擦产生火花	瓦斯积聚
7	2001.3.1	G	32	突出矿井	密闭漏风	井下火区复燃	瓦斯积聚
8	2001.4.6	H	38	高	局部通风机运转不正常	电气失爆产生火花	瓦斯积聚和引爆
9	2001.4.21	I	48	突出矿井	局部通风机产生循环风	电气失爆产生火花	引爆
10	2001.5.7	J	54	突出矿井	密闭设施漏风	井下火区复燃	瓦斯积聚

分析表 3—5 可知，人的不安全动作在造成瓦斯积聚中的作用是造成通风设施不可靠或没有发现不可靠的设施（如事故 1），或直接导致了先行事故，先行事故导致了最终事故的发生（如事故 4）。人的动作在造成瓦斯引爆中的作用是直接导致了火花的产生（如事故 5）或没有发现明火隐患（如事故 10）。人的动作在产生了上述瓦斯积聚和瓦斯引爆两方面的作用后最终导致了瓦斯爆炸事故的发生。表3—5 中虽隐去了事故单位的真实名称，但分析的是 2000—2001 年期间我国煤矿发生的全部死亡十人以上的重大以上瓦斯爆炸事故，因此分析结果具有可靠的代表性。

上述分析的结果是，虽然一起事故的发生都各有各的具体情况，但是人的动作都起到了关键的作用，这些动作的产生不是因为知识不足就是因为安全意识不够，要么就是安全习惯不佳，它们是事故的间接原因而且具有共性。读者从下面的一些事故案例中更能看出这种"共性"，也就是说，事故的三点间接原因具有共性，所以称为间接共性原因。

二、四起不同事故的间接共性原因的深入分析

1. 沉船事故实例

案例描述：某集团公司海运公司运煤船在海上搁浅沉没。船上 12 名船员中只有 1 人获救，9 人死亡，2 人下落不明，直接经济损失达 270 万元。

原因分析：经调查得知，该运煤船平时经常不按规定在航行期间封舱，以致在遭遇风浪时，舱口在大风浪中始终敞开，造成海水和雨水无阻挡地进入货舱，致使船舶丧失浮力，最终沉没。所以，安全习惯不佳（平时经常不按规定在航行期间封舱）而导致的"未封舱"是本次沉船事故的间接原因。

2. 医疗事故实例

案例描述：据 2004 年 1 月 15 日新华社北京消息，一婴儿出生后因早产入住所出生医院，住院 65 天后出院。住院期间连续 43 天又 8 个小时接受人工给氧。出院 4 个月后，孩子瞳仁变白，已经不能医治。

原因分析：根据报道分析，事故的主要原因之一是医护人员知识不足。在该事件发生 50 多年以前的 1951 年及事件发生前出版的《实用新生儿学》中已经告诫医师，"当吸入氧气浓度过高，或供氧时间长时，可能发生氧中毒，眼晶体后纤维增生最常见，表现为晶体后视网膜增生或视网膜剥离，使视力减退或者失明"。而且，如上内容在《新生儿专科护理》一书中，在不同页码强调了 6 次之多，然而医院的医护人员却仍然不具备相应知识而没有避免过量、超时供氧，也没有在供氧后采取足够的监护措施，以致失去治疗机会，导致惨剧发生。这种失明事件是由于医护人员知识不足导致给氧操作不当，然后导致失明事件的发生，知识不足是间接原因。

3. 食物中毒事故实例

案例描述：据网站 2003 年 9 月 10 日报道，2003 年 9 月 2 日，在某大学北校区发生了食物中毒事件，共有 367 人先后发现症状而接受治疗。

原因分析：事故的主要原因是该大学管理层及餐厅工作人员安全知识不足、安全意识欠缺，没有认识到餐厅操作间一般性的卫生问题会酿成严重的食物中毒事件。事故发生后的第一天，卫生监督部门对该大学北校区食堂进行了现场调查，再次发现（事故发生前就曾发现且提出过）多处中毒事故隐患：食堂从业人员没有取得相应的卫生知识培训合格证明，食堂操作间防蝇设施不完备，餐具消毒设施没有投入使用，没有蔬菜消毒设施，部分剩余食品在室温下进行保存，生活饮用水浑浊、有沉淀等。正是这些原因没有受到重视而导致了鸡肠球菌污染食物，导致了严重的食物中毒事故的发生。安全意识不强、安全知识不足导致食堂管理操作不当，

是事故的间接原因。

4. 双苯厂爆炸事故实例

案例描述：2005 年 11 月 13 时 40 分左右，某石化公司双苯厂一装置发生第一次爆炸，后来又发生连续爆炸，导致 11 人死亡。街上一名摩托车驾驶者被切掉头部，街上的很多商店和住宅房的窗户都被震碎。泄漏的化学物质污染了松花江水，导致哈尔滨市民 5 天无水可饮，并污染俄罗斯河流，引起国际索赔争议。

原因分析：据调查得知，由于当班操作工停车时，疏忽大意，未将应关闭的阀门（图 3—21 中序号 1 处）及时关闭，误操作导致进料系统温度超高，长时间后引起爆裂，随之空气被抽入负压操作的 T101 塔，引起 T101 塔、T102 塔发生爆炸，随后致使与 T101、T102 塔相连的两个硝基苯储罐及附属设备相继爆炸，随着爆炸现场火势增强，引发装置区内的两个硝酸储罐爆炸，并导致与该车间相邻的一个硝基苯储罐、两个苯储罐发生燃烧。而阀门没有及时关闭的原因可能是操作工不知道及时关闭的重要性即知识不足，可能是经常同时做两件以上的工作即习惯不佳，也

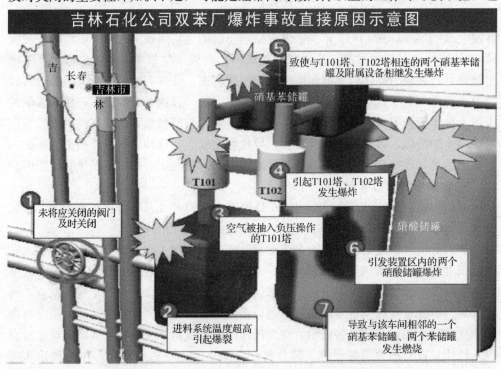

图 3—21　爆炸事故发生顺序示意图（新浪网）

可能是没有意识到偶尔的失误就会引起严重的事故即安全意识淡薄，几乎不太可能再有别的原因。总之，安全知识、意识、习惯三者或者三者之一或之二导致了工人操作不当，是事故的间接原因。

三、知识不足导致动作错误的分析

尽管乘车系上安全带是安全常识，可是据日常观察，只有不到 1/3 的人有这种习惯。知识不足肯定是一个重要原因。

如果大家知道安全带至少有以下三种功能，就会有不少人能主动系上安全带、扔掉"消音扣"：第一，安全带能使乘客在翻车、正面撞车、侧面撞车时分别减少80％、57％、44％的死亡概率。第二，安全带的插头相当于一个开关，系上安全带，汽车的智能系统就认为车上有人需要保护，气囊等安全设施处于警戒状态，随时可以发出正确的安全保护动作；不系安全带，汽车的智能系统会认为车上没人，不需要保护人员。第三，当用消音扣代替安全带插头时，消音扣因不可能完全代替安全带插头，会损坏汽车的电子系统，而且消音扣一般是长期插在安全带插口上的，会使汽车电子智能系统判断混乱，从而动作混乱。

因为不系安全带这个不安全动作而产生的事故（事件），不胜枚举。

四、分析结果归纳

事故的间接共性原因是事故引发者的安全知识不足、意识不强、习惯不佳。

第四章　安全学科体系

本章目标

阐明安全学科的分类体系。

在第一章中阐明了安全学科中的基本概念；在第二章中明确了安全指标。为达到安全目标（安全指标的设定值），需要知道事故发生的原因。因此，在第三章中，阐述了事故致因理论。上述为理解本章介绍的安全学科体系打下了基础。

第一节　安全学科的产生

任何学科的产生与发展都源于人类生存活动的需要，安全学科更是如此。人类自出现以来就为自身的生存与发展而处于永不停息的活动当中，正如哲学上所说的运动是绝对的，静止是相对的。在永不停息的活动中，人类总是想要安全、高效率地实现某种目的、取得某种成果。然而，由于人类从事各种活动的技能水平、活动对象、外部环境的复杂性与不确定性等因素，其活动过程有时能按照预期的正方向发展，顺利取得预期成果，产生正效应，有时也会朝着与预期相反的负方向发展，产生不期望的、意外的损失，即负效应。

例如，某人从 A 地到 B 地去，按照计划他可能 30 min 之内就能到达。一种情况是，他非常顺利地到达 B 地，中间没有耽搁，没有发生伤害，也没什么损失，这就是取得的正效应。另一种可能的情况是，他在路上发生一些类似交通事故这样的意外事件，可能遇到生命危险、财物损失或者环境破坏，以至于到达不了 B 地，这就是带来的负效应。很明显，负效应对于正效应的取得、人类的生存和发展都会产生不利影响，必须予以研究、减少或者消除。由于负效应即事故的存在，一门科学便产生了，这就是安全学科（见图 4—1）。

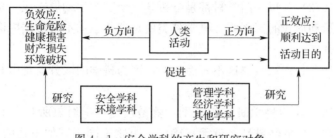

图 4—1　安全学科的产生和研究对象

第二节　安全学科的基本问题

和其他学科一样，安全学科的基本问题也有研究对象、目的、内容、方法、范围、属性等学科基本问题，有了这些才能定义学科，并对学科做结构研究。

一、基本概念

安全学科是一个知识体系，它包括对事故的发生、发展规律的认识和预防事故的手段两大方面。要描述这个知识体系的内容，研究学科结构，必须要用到一系列的概念，尤其是基本概念。也只有为本学科建立起基本概念，才能进一步讨论学科的一系列问题，所以需要先讨论安全学科的概念。概念是一种思维形式。安全学科中的概念有很多，本书中的基本概念只有三个，即事故、危险源和风险。安全和危险，作为状态时，是用事故来定义的，一个时空范围（组织）内无事故或者无事故发生的风险则为安全，否则就是不安全（当然，事故需要有损失量明确的定义）。所以安全、危险这两个概念在安全学科中并不是基本概念。

二、学科定义

关于安全学科，本书中采用的定义是"安全学科是研究事故发生发展规律和预防事故发生的各种手段的学科、专业或者知识体系"。定义中"事故发生、发展规律"就是事故发生的原因以及原因的规律性，这是"安全科学"的内容，是对安全事故这种客观现象的认识，是安全学科的基础科学，而"预防事故发生的各种手段"则是安全学科的应用科学，是改造客观世界（减少事故发生）的手段。

三、研究对象

首先观察以下学者关于研究对象对一门学科作用的论述。

恩格斯（1972）："每一门学科都是分析某一个别的运动形式或一系列互相关联和互相转化的运动形式的。因此，科学分类就是这些运动本身依据内部所固定的次序的分类和排列。"

恩格斯（1971，1972）："这不言而喻的，因为科学的区分就是由其对象的特殊性决定的。"

毛泽东（1959）："科学研究的区别，就是根据科学对象所具有的特殊的矛盾性。如果不研究矛盾的特殊性，就无从确定一事物不同于其他事物的特殊的本质，就无从发现事物运动发展的特殊的原因，或特殊的根据，也就无从辨别事物，无从区分科学研究的领域。"

薛荣婵、王彦杰（2010）："任何一门学科的独立性，首先取决于它有特定的研究对象，或者说具有不同于其他学科的研究对象。"

由以上论述可知，安全学科的研究对象对安全学科的结构研究非常重要，它决定安全学科作为独立学科的存在，是学科独立存在的基础，决定安全学科与其他学科的区别和联系。

学科一般是按研究对象建立的。明确的研究对象不仅是一门学科存在的基础，也是一门学科成熟的标志。安全学科也同其他任何一门学科（如土木工程）一样，有自己特定的研究对象。关于安全学科的研究对象，现在有多种不同的看法，尚未达成一致。有观点认为，安全学科的研究对象是"安全的本质"，然而安全的本质太抽象、难以理解，因而很难实用。也有人认为，安全学科的研究对象是"事故的原因和各种安全措施"，是"某一特定领域的人—机—环境系统"等，这样的说法同样不甚具体。本书把安全学科的研究对象看作人类活动中的负效应，即事故（包含职业病和自然灾害事件，见"事故的概念"一节）。由图4—1可以看出，安全学科是从人类活动中产生的，旨在研究事故及其原因，预防事故，保护人的生命健康、财产和生存环境，使其不受损失或者破坏，促进人类活动正效应的提高。全国工程硕士研究生教育网中也明确指出，安全工程领域主要研究生产生活中发生的各种类型的事故。

将事故确定为研究对象，比较明确，比较具体，也比较实用。当然定义事故所用的损失量可以有不同的界定（见"事故的定义"一节）。正是事故这个研究对象把具有数、理、化等自然科学，法学、心理学、教育学等社会科学，工程学、管理学等应用科学知识的专业人士集中在一起，共同以事故为对象进行科学研究与工程应用，达到预防事故、减少损失的目的。

"事故"这个概念是从各行业、各领域的生产、生活即组织活动中突然发生的，带来损失的各种意外事件中抽象出来的一个概念，是"看得见"的，十分具体。将事故作为安全学科的研究对象，明确、实用，比较实在和可行，它使得安全学科与非安全学科人员的安全工作目标变得具体。根据事故概念的内涵和外延，组织中发生的所有事故，如信息安全、食品安全、公安保卫、自然灾害造成的损失、职业健康等事件都可以归为 QHSSE 事件中的一种，都是安全学科的研究对象。上述各种事件在行政上可以归不同部门管理，但科学上是统一的。

不主张将安全学科的研究对象看成是安全规律、事故预防措施和手段、天灾或者人祸、安全问题、安全的本质、风险等。安全规律的提法比较抽象，内容不明确，不利于具体工作实践；事故预防措施和手段则是安全学科的研究内容，不是研究对象；天灾、人祸等安全问题，具体化为事故（含自然灾害造成损失的事件）则更加明确。

四、研究目的

简单明确地说，安全学科的最终研究目的，也就是安全工作的最终目的是预防事故，其中包括应急救援。应急救援的目的是预防事故后损失的进一步扩大，因而也是一种预防。救援过程中，没有意外（事故）发生，则安全地完成了任务，反之则是发生了事故。救援任务有一定的特殊性，但也与完成其他任务类似。救援过程是需要管理的，是安全学科的一部分，属于安全管理。

学科的研究目的对一个学科而言是十分重要的，它决定了本学科的研究内容，也决定了学科内容边界及其与其他学科研究内容的交叉关系。

明确了学科的研究目的后，学科教育方案的设计、实施等就都以事故预防为中心了。判断一项研究、业务是否属于安全学科，其标准也应该是看它的目的是否是预防事故。任何以事故预防为目的的研究或者学问都属于安全学科，任何不以事故预防为目的的研究或者学问都不属于安全学科，这就是研究目的在确定学科边界中的作用。

五、研究内容

根据安全学科的研究对象和研究目的，可以得到安全学科的研究内容，那就是研究发生事故的原因（即发生机理或规律）和预防事故的手段。其中，事故的发生、发展规律是安全学科的基础科学（事故致因理论），预防事故发生的各种手段是安全学科的应用科学。这说明，安全学科的基础理论是事故致因理论（预防事故的基础），虽然这个基础以物理、化学、数学、生物、人文、社会科学为基础，但不是它们中的任何一个，而是它们组合起来形成的事故致因理论。物理、化学、数学、生物、人文、社会科学等基础科学只是安全学科必须要用的研究方法和手段。安全学科的基础科学、应用科学部分都可以根据事故致因理论分为若干部分。

根据安全学科的定义，安全学科的基础科学和应用科学组合起来形成一套事故预防的方法论，即安全学科。图4—2所示为安全学科研究内容、研究对象、研究范围之间的关系。

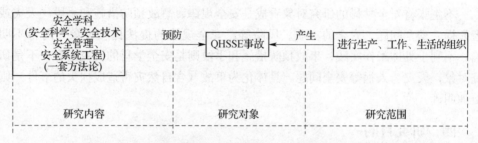

图4—2　安全学科研究内容、研究对象、研究范围之间的关系

由于事故的直接原因可以分为事故引发者的不安全动作和不安全物态两个方面，因此事故原因和预防手段的研究也分为两条路线：第一条路线是事故原因、组织行为、解决事故引发者个人的习惯性行为与不安全动作；第二条路线是事故原因、组织行为、解决事故引发者个人的习惯性行为与不安全物态。这两条路线分别形成安全学科研究内容的子类，共形成两个子类，即安全管理和安全工程（见图4—3）。事故原因、组织行为、习惯性行为的研究是两条事故预防路线都必须进行的，事故单位的组织行为（包括安全文化、管理体系）、事故引发者的个人习惯性行为既影响技术方面，也影响管理方面，所以它们是两条事故预防路线中都需要研究的，但主要在第一条路线中研究。当然，这两条路线并不是完全孤立的，研究工程技术不是完全不研究不安全动作，研究安全管理也不是完全不研究工程技术。图4—3只是一个大概的内容分类。图4—3中的两条竖着的带箭头的虚线，第一条虚

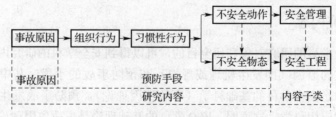

图4—3　安全学科的研究内容

线表明一部分不安全物态是不安全动作产生的，第二条虚线表明，目前安全管理的内容不完全独立，在学科分类中划入安全工程学科中。

六、研究方法

根据安全学科的研究内容可以导出其研究方法。由于研究内容中涉及工程和管理两方面的内容，因此研究方法主要包括工程科学方法和社会科学方法。当然，在安全管理过程中也会用到工程方法，如在进行行为训练、行为宣传时就要用到虚拟现实技术（如模拟驾驶、模拟起重等）、土木工程方法（标牌）等工程设施。一些现场实际存在的不安全动作还可以使用工程技术方法来控制，如控制驾驶速度的广播提醒系统、测速设备等。所以研究方法的使用也不是绝对的。

七、研究范围

学科必须有其特定的研究范围。对于以预防事故为目的的安全学科来说，由于事故发生在组织之内，因此其研究范围应该是国家及国家内的各类社会组织。社会组织，简称组织，是社会资源的实际控制单元，只有组织才能充分、有效、方便地运用资源来预防事故。有了组织，安全管理所需要的人、财、物等资源才能妥善配置，安全才能得到有效管理，有效预防事故。人的不安全动作和物（设备、设施或环境等"硬件"）的不安全状态是事故的直接原因，组织可以有效、有力地控制直接原因的发生，尤其是可以有效控制人的不安全动作以避免事故发生。所以安全学科的研究范围是社会组织，大到国家，小到社会团体、企事业单位，都是社会组织。任何组织都存在安全问题，也都是安全学科的研究范围，其事故预防原理也都是一样的。

八、学科属性

安全学科的属性是由其研究内容和研究方法决定的。研究内容包括安全工程和安全管理，研究方法包含工程科学方法和社会（管理）科学方法，因此安全学科是一门综合学科。关于学科属性，以前的表述是"文理综合、学科交叉、行业横断"（刘潜，1992）。文理综合是说，安全学科既不是我国传统所说的"文科"，也不是传统所称的"理科"，是文理综合学科。学科交叉是说，安全学科与很多学科相交叉，也就是说研究事故及其预防问题时要用到许多学科的知识。行业横断是说，安全学科把所有行业的事故都作为研究对象，即安全学科涉及很多行业。其实，安全学科还有一个属性就是事故预防，我国及世界上都没有任何一个安全学科以外的学科是以"事故"为研究对象，以"事故预防"为研究目的，这一点构成了安全学科的本质属性，即事故预防。基于以上叙述，安全学科的属性应表达为"文理综合、学科交叉、行业横断、事故预防"。

从安全学科的上述学科属性可以看出，安全学科不是软科学，也不完全是工程科学。专业人士不必"在意"自己学科的学科属性，需要"在意"的是事故预防的效果。

九、安全学科的基本规律

一个学科必须有一些基本规律。目前，哪些规律是安全学科的基本规律还没有达成共识。安全学科的研究对象是事故，所以事故的基本规律性就是安全学科的基本规律，可以作为公理对待。第三章"事故的规律性归纳"一节已经阐述了这些规律，摘录如下：

第一，一切事故都是有原因的。根据海因里希等前人的研究结果，可以推知这个结论。自 1919 年的 Greenwood 和 Wood 开始，一切安全专业人员工作的目的都是事故预防，而在研究过程中，无人不先研究事故原因，而且也提出了许多事故致因，这说明人们坚信，事故是有原因的，这与每位医生都先研究病因而后治病的道理一样。没找到原因，只能说明工作尚不够充分，而不是原因不存在。与其他四条基本规律一样，这条规律无法在理论上进行证明，但是它一定是对的。

在安全管理实践中，这一条基本规律可有不同的表达，如一切事故都是可预防的，"零事故"是可以实现的等。

第二，事故的直接原因分为人的不安全动作和物的不安全状态。这一条基本规律是海因里希在进行事故归因时提出来的。它表明，预防事故既要采取工程技术手段，也要采取行为控制（动作是行为的一种）手段。

第三，安全累积原理，即任何大事故都是小事故、小事件或者平时工作缺欠的累积结果。海因里希用一个三角形来表示，所以也称为事故三角形原理或者海因里希法则（见图 3—19）。据此，预防重大事故，建立安全生产长效机制，遏制重特大事故的发生需注重"基础管理"，即日常缺欠。

第四，事故的根本原因在于组织错误。这条原理的根据是事故致因"2—4"模型（第三章）和 Reason 的"瑞士奶酪"模型。这条规律运用组织行为学原理可阐述为"个人行为决定于组织行为，组织行为由组织文化所导向"。

第五，凡是可能发生的事故总会发生。第五条和第一条是不矛盾的，在消除可能性（事故原因）以前，事故总会发生，消除可能性之后，就不会发生了。

　　上述五条是安全学科的基本理论基础，可以作为公理对待。应该说，这五条规律是事故致因研究的结果。第一条说明，一切事故都是可以预防的，扎实的安全工作可有效减少事故的发生；第二条说明了事故的预防策略，需要从人的行为控制和物态两方面入手；第三条说明的是重大事故预防的策略和方法；第四条说明，预防事故仅解决员工个人层面的问题是不够的，更要注重事故的根本、根源即组织层面的问题；第五条说明了在消除事故原因前，事故总会发生的，即事故发生的必然性。例如在一些企业，人们常说的"员工素质低"，不遵守规章制度；有的煤矿企业经常存在的"扒、蹬、跳"现象，屡禁不止。其实这时，应该转变观念，认识到没有员工愿意死伤，进而从组织层面解决问题。对应上面的问题，可以采取增加培训，让员工了解事故的发生概率和违章行为累积的危险性，了解规章制度的原理和不遵守规章制度的后果，提供遵守规章制度的有利条件。

第三节　安全学科的内涵归纳

一、归纳

　　安全学科的内涵包括 6 个基本问题、3 个基本概念（第一章）和 5 条基本规律。本章前两节已分别详细阐述它们，本节只作归纳。

　　1. 学科定义：安全学科是研究事故发生发展规律和预防事故发生的各种手段的学科、专业或者知识体系。

　　2. 研究对象：安全学科的研究对象是事故，包括职业病和自然灾害。

　　3. 研究目的：预防事故。事故救援也具有预防色彩。

　　4. 研究范围：组织。大到国家，小到社会团体、企业、家庭，都是社会组织。

　　5. 研究内容：研究发生事故的原因（机理或规律）和预防事故的手段。

　　6. 研究方法：社会（管理）科学方法与自然（工程）科学方法。

　　7. 学科属性：文理综合、学科交叉、行业横断、事故预防。

　　8. 基本概念：事故、危险源、风险。

　　9. 基本规律：一切事故都是有原因的、事故的直接原因分为人的不安全动作和物的不安全状态、事故的严重度和发生频率符合安全累积原理、事故的根本原因在于组织错误、凡是可能发生的事故总会发生。

　　安全学科的内涵是安全学科的人才培养方案（主要是课程体系）制定，是学科分类的最重要理论基础。对于目前的学科分类体系，存在许多争议，其原因在于对安全学科内涵的不同理解，尤其是对安全学科研究对象没有统一认识，成为这种争议的最重要来源。这些问题的研究，也许就是人们经常所说的安全学科的基础理论研究的重要内容。

二、关于安全学科内涵认可度的调查

关于内涵认可程度的研究，作者设计了一份由 20 个安全学科基本问题（这些问题不全是安全学科的八项内涵，但大部分与其相关）组成的安全学科基本问题调查问卷，自 2009 年 10 月开始在网站上作调查。经 4 年多时间的调查，共有 173 人次做过回答，其中回答者分别有 50%、70%、20% 的人有大专以上学历、是安全专业人士、有国外工作学习经历。调查结果见表 4—1。

表 4—1　　　　　　　　　安全学科基本问题调查问卷回答结果

序号	问卷内容	赞成率（%）
1	事故是人们不期望发生的、造成损失的意外事件	94
2	事故包括职业病事件和自然灾害事件。理由是，从从业者职业生涯的时间历史长度来说，职业病的发生也具有"突然"的特点。自然灾害事件符合事故的定义	75
3	安全学科的研究对象是类别不同、（损失量）大小不同的事故	78
4	安全学科的研究目的是预防事故和减少事故发生后的损失	95
5	根据安全学科的研究对象、研究目的和基本原理可以导出，该学科共有两大类研究内容（事故原因和预防手段），它们又可以分为四个具体的方面	96
6	由于研究对象的特殊性，安全学科的研究方法既有社会（管理）科学方法也有自然（工程）科学方法	95
7	安全学科属于文理综合、学科交叉、行业横断的综合学科（刘潜）	98
8	安全学科至少有 4 条基本原理可以看作支承本学科存在的基本公理。第一，一切事故都有原因（海因里希，1931）；第二，事故的直接原因可以分为人的不安全动作和物体的不安全状态（海因里希，1931）；第三，事故的严重度和发生频率之间的关系符合"事故三角形"分布规律（海因里希，1931）；第四，个人行为决定于组织行为，组织行为由组织文化所导向（组织行为学原理）	94
9	安全学科以组织为研究范围，理由是事故的发生、发展的可能性在社会组织内是可控的，因为组织有适当支配资源的能力	86
10	安全学科的最基本名词有三个，即危险源、事故和风险，其他名词的定义基本上都可以由这三个基本名词导出	89

续表

序号	问卷内容	赞成率（%）
11	安全学科可以分为以下四个二级学科，也即安全学科的四个大的研究方向：自然安全学，研究安全事故发生、发展的自然科学机理和规律；社会安全学，研究安全事故发生、发展的社会（管理）科学机理和规律；安全工程学，研究安全事故预防及事故后损失控制的自然（工程）科学（技术）手段，包括各行业内所涉及的安全工程技术；安全管理学，研究安全事故预防及事故后损失控制的社会（管理）科学手段，包括各行业内所涉及的安全管理方法	95
12	《安全学原理》课程的主要内容是研究事故发生发展的机理和规律，也就是主要研究事故致因理论，是安全学科的基础部分	96
13	《安全学原理》也就是《安全科学原理》	60
14	安全学科的应用部分是安全工程学（多门课程组成）和安全管理学（也需多门课程组成）	97
15	安全学科有各个行业通用的课程，也有各个行业不能通用的课程	94
16	安全学原理、安全系统工程学、安全管理学、安全心理学、安全法规（安全法学）、安全经济学、安全人机工程学，这七门课程在我国大学中普遍开设，它们适用于各个行业，几乎与行业无关	80
17	根据"管理是一种有目的的协调行为"这一管理学定义，安全管理学重在各个层面上研究人的不安全动作	86
18	安全管理有广义和狭义之分，狭义的安全管理是在各层面上解决人的不安全动作的学问，而安全（工程）技术是解决物的不安全状态的学问	92
19	广义的安全管理实际是关于事故预防（海因里希提出）的学问。事故的直接原因有人的不安全动作和物的不安全状态，所以，广义的安全管理＝安全技术＋狭义的安全管理	86
20	安全学科应该重点研究行业通用的内容，行业不通用的内容（行业安全技术）可以放到行业工程技术学科中去研究。如煤矿的瓦斯爆炸事故，抽排瓦斯的技术装备可以在采矿工程学科中去研究，引爆瓦斯的火源的产生（如员工带电作业）属于员工的不安全动作，需要在安全学科中研究	80

分析表中数据可知，赞成率最低的是第13个问题，即"《安全学原理》也就是《安全科学原理》"，有40％的人不赞成这种说法。作者对这个结果颇为不解，"某学原理"就应该是"某科学原理"，然而被调查者却不是这么看的。总体来看，约有80％的人的回答同意前面关于安全学科内涵的归纳。

第四节　安全学科的分类

本节将作重点阐述，以回答上节中关于安全学科基本问题调查中的一些观点。

安全学科目前在我国存在三个不同的分类系统，教育部的《学位授予和人才培养学科目录》（2011 年）、《普通高等学校本科专业目录》（2012 年），科技部的《学科分类与代码》（GB/T 13745—2009）都是学科分类系统。在不同的分类系统中，安全学科的名称分别是"安全科学与工程""安全工程"和"安全科学技术"。本节将先阐述教育部关于安全学科的分类，后阐述科技部的分类。

一、分类原理

如图 4—4 所示表明了安全学科的研究对象和研究目的，也导出了研究内容。事故的直接原因有两大方面，即产生于自然科学机理的不安全物态和产生于社会科学机理的不安全动作。解决它们、预防事故的办法分为工程手段和管理手段，形成的学科分支分别为安全工程学和安全管理学。两者合起来就组成一个一级学科即安全科学与工程，安全科学技术这个名称和安全科学与工程实际上是相同的。目前，安全管理的社会普及程度比较低，所以其研究内容是放在安全工程中来研究的。这就是上述不同学科名称的由来。

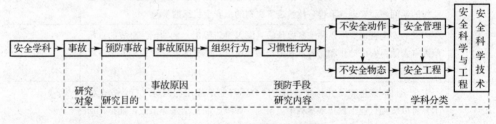

图 4—4　安全学科的分类原理

事故的两方面直接原因产生于间接原因即人的习惯性行为，习惯性产生于组织行为，而这两者都影响事故的两方面直接原因，所以无论安全工程还是安全管理学科分支，个人习惯性行为和组织行为都是要研究的，只不过更多的是在安全管理学科分支中研究而已。

二、人才培养分类

我国 1980 年 2 月颁布、1981 年 1 月 1 日起实施《中华人民共和国学位条例》，1981 年 5 月批准实施《中华人民共和国学位条例暂行实施办法》，开始实行学位制度。1981 年国务院学位办公室拟定了《高等学校和科研机构授予博士和硕士学位的学科、专业目录（草案）（征求意见稿）》，1982 年国务院学位办以（82）学位办字 011 号文件公布该目录，后于 1983、1990、1997、2011 年四次修改、完善，国务院学位委员会第 28 次会议通过了 2011 年版的《学位授予和人才培养学科目录》，它是在原《授予博士、硕士学位和培养研究生的学科、专业目录》（1997 年颁布）和《普通高等学校本科专业目录》（1998 年颁布）的基础上，经过专家反复论证后编制而成的。这个 2011 年版的《学位授予和人才培养学科目录》分为学科门类和一级学科，是国家进行学位授权审核与学科管理、学位授予单位开展学位授予与人才培养工作的基本依据，适用于硕士、博士的学位授予、招生和培养，并用于学科建设、教育统计分类等工作。2011 年版的《学位授予和人才培养学科目录》把我国所有的学科分为 13 个门类，授予 13 种学位，各门类下又设有一级学科，工学门类的代码是 08，安全学科单列为一级学科（原仅是矿业工程下的二级学科），成为工学门类下的第 37 个一级学科，名称为安全科学与工程，代码为 0837，如图 4—5所示。目前安全科学与工程下没有规定二级学科。

三、本科专业分类

每一个本科专业都会招收学生，根据图 4—5，安全学科应该招收安全管理和安全工程两个专业的本科层次学生，两个专业都有较好的社会普及程度，但安全工程专业在我国的社会普及程度略高，加之安全管理是未经试办的专业，所以目前是将安全管理的内容（具体地说是行为控制）放在安全工程专业进行教学的，所以教育部 2012 年公布的《普通高等学校本科专业目录》中，我国将学科分为 12 门类，安全学科称为"安全工程"，是工学门类下的"安全科学与工程"类（一级学科）下的一个专业（二级学科），代码为 082901，并没有设置安全管理专业，在安全科学与工程类下只有安全工程一个本科专业（见图 4—6）。

将来应该形成安全工程与安全管理两个专业，目前将安全管理的内容合并到安全工程专业进行教学并不确切。原因是"安全管理"既有广义含义又有狭义含义，与"安全工程"相比，包含的内容更全面。就目前了解，国外多称为安全管理（Safety Management），在谷歌等搜索引擎上搜索安全工程（Safety Engineering）

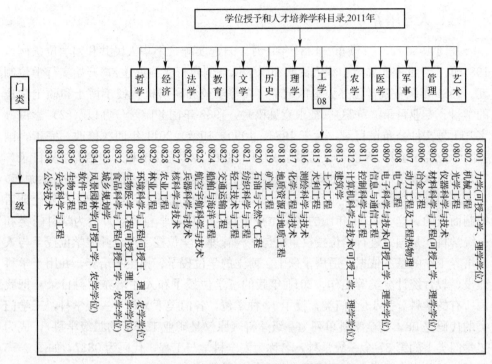

图4—5 学位授予和人才培养学科目录

专业是非常困难的。如美国，虽然有安全工程师学会（http：∥www. asse. org），但实际上很少有安全工程师，全面解决组织安全问题的是安全师（Certified Safety Professional，CSP）；在英国和澳大利亚，更没有"安全工程师"的称谓。在这些安全学科发达的国家中，只有可以解决全面安全问题的"安全管理"专业。学生去国外留学也不能找到开设"安全工程"的院校，如在美国没有开设采矿安全的院校，需要通过采矿专业学习"一通三防"技术，在澳大利亚，情况也类似。国外涉及安全专业的有职业安全与健康（Occupational Health & Safety，OHS）或者安全健康与环境（Health Safety & Environment，HSE），很多大学开设了这类专业或者有这样的培养计划。他们对"安全"的理解与我国不同。可以说，我国对"工程"早已经充分重视，注重用硬件设施等工程手段解决安全问题，专业资格也称为注册安全工程师（Certified Safety Engineer，CSE），而对注重行为控制的安全管理，只是在近年来才开始重视。

图4—6 2012年高等学校本科生培养用专业目录对安全学科的分类

四、科技统计类学科分类

我国科技统计用的学科分类，2009年5月6日以国家标准《学科分类与代码》（GB/T 13745—2009）的形式发布，2009年11月1日正式实施。这个标准是我国目前唯一一个用于科技统计的学科分类标准。

该标准将所有学科分为了五大门类——自然科学、农业科学、医药科学、工程与技术科学和人文与社会科学五大门类，其中"工程与技术科学（代码为410—630）"门类，安全学科被列为其下的一级学科，名称为"安全科学技术"，代码为620。安全科学技术由安全科学技术基础学科、安全社会科学、安全物质学、安全人体学、安全系统学、安全工程技术科学、安全卫生工程技术、安全社会工程、部门安全工程学科、公共安全和安全科学技术其他学科共11个二级学科组成，二级学科下又设置了52个三级实质性学科（见图4—7）。可以看出，其中的一些二级学科名称与具体研究内容表达有些不太清楚。

科技部这项推荐标准，可以适当执行。教育部的学科目录是必须执行的。

五、安全学科与安全科学

为简单起见，在本书，将"安全科学与工程""安全科学技术"统称为"安全学科"。

安全科学与数学科学、物理科学一样，是指一门学问。"科学"一般被定义为关于客观世界的认识；"技术"一般定义为改造客观世界的手段。据此可以定义，安全科学是关于事故这种客观现象发生、发展规律（原因）的认识的知识体系。可见，安全科学，作为对客观世界（事故这种现象）的一种认识，并不包含改造客观世界的手段，即安全技术（事故预防技术）的内容，而包含安全科学与工程、安全科学技术、安全工程三个安全学科名称的"安全学科"，则包含对客观世界的认识和改造客观世界手段的内容。因此，安全学科的内容比安全科学的内容要广，两者并不相同。这里"技术"是相对于科学而言的，指的是手段和方法，既包含工程手段与方法，又包含管理或人文手段与方法。

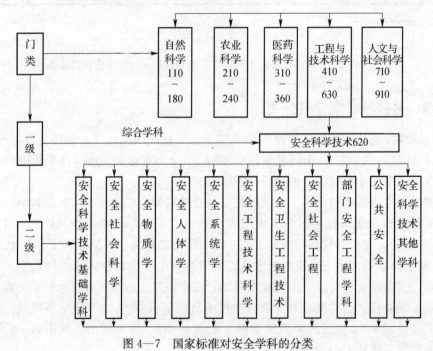

图4—7　国家标准对安全学科的分类

六、对学科分类的看法

前面已经阐述安全学科无论在哪个分类系统中都已经成为一级学科了，在教育部称为安全科学与工程，在科技部称为安全科学技术。但是依然存在两种观点：一是不赞成安全学科设立为一级学科，二是对安全学科一级学科下二级学科的设置存在非常分散的观点。

1. 安全学科设置为一级学科的理由

（1）安全学科成为一级学科是因为安全学科有特定的研究对象，而这个研究对象和现有的任何一个学科的研究对象都不交叉和重复。本章"安全学科的基本问题"一节已经阐述，安全学科的研究对象是各种不同类别、损失量不同的"事故"，目的在于预防事故，研究内容是事故的原因和预防手段，这些都是安全学科所独有的。它们决定了这个学科必须以一个独立的学科存在，所以只能是一级学科。

（2）安全学科所研究的内容、解决的问题是所有行业的共性问题，为各个行业和行业学科服务，而不可能属于某一个行业或者行业性学科。首先，导致80%以上事故的不安全动作是共性的，如"没戴好安全帽、混凝土浇筑的模板搭设没有设计方案、制定无法执行的安全措施"等事故原因在哪个行业都可能存在。其次，导致20%以下事故的不安全状态在分解足够细的时候可知，声、光、电、力、热等物理机制和化学、生物等机制也是各个行业共同存在的，机械电气、压力容器等也是每个行业都要使用的共性设备，只有专项技术层面的事故原因是非共性的。下面将列举两个事故实例。

实例一：某单位装卸工人在使用吊车吊重物装卡车的过程中，由于选用的卡车不合理导致重物放在卡车上不稳定而跌落，砸死一名工人。

实例二：某工地起重机在吊完重物未收吊绳及吊钩时，有工人进入起重臂、吊绳、吊钩下作业，吊钩收钩时钩翻一垛水泥预制板，砸死一名工人（看来起重臂下不准站人不仅仅是为了防止起重臂本身断裂伤人，就像汽车上系安全带不仅仅是为了防止撞车时受伤一样，用途是多方面的）。

这两起事故都发生在石油化工行业，但实际上与石油开采、化工过程技术并无多大关系，是装车、起重事故，这在各个行业都有。事故本身是某行业发生的，但实际上与该行业并无关系，如果安全专业的学生和专业人员能够解决这类事故，那么他到哪个企业都能发挥作用。安全行为，无论是在个人层面还是在组织层面，在各个行业的事故预防中都是同样性质。为安全专业人员塑造多行业服务能力还只是一方面，更为关键的问题是，如果不能把安全事故的行为原因、自然科学基础层面的原因清楚地分析出来，事故预防的效果是不可能理想的，因此，不了解安全事故的共性就会产生行业安全壁垒，使得各个行业的安全经验不能够共享。

基于上述内容，设置一个一级安全学科解决所有行业的共性安全问题，不是行政目的，也不是纯学术需要，更不是利益驱使，而是有实用价值的，且还科学于本来面目。

（3）安全学科设置为一级学科是与国际接轨的。在安全学科比较发达的美国，世界安全记录最好的澳大利亚以及英国、加拿大等西方国家，安全专业有 Public Health、Public Safety、Occupational Health and Safety、Safety Science 等不同名称，但有一个共同点是，使用这些名称的安全专业是广泛适用于各个行业的，而不是每个行业都设置一个针对自己行业的安全专业。西方很多大学还设置有 HSSE 或者 EHSS（Health，Safety，Environment，Security）管理专业，把各个行业、领域的安全问题、健康问题、治安问题及环境问题，都放在了一起，从共性角度解决所有行业的安全、健康、环境、治安问题。

2. 安全学科的二级学科设置问题

为了解社会各界对安全学科一级学科（安全科学与工程）下二级学科设置方案的看法，作者设计了二级学科四个方案：

第一，设置安全工程、安全管理两个二级学科（这里的安全是安全与健康的意思），所有其他行业类学科中的安全学科（如 2012 版的《普通高等学校本科专业目录》中计算机类中的"信息安全"、核工程类中的"辐射防护与核安全"、公安学类中的"国内安全保卫"等）都取消，行业安全问题通过妥善制定培养方案来解决。

第二，设置安全科学、安全工程、安全管理、应急管理、职业卫生等二级学科，所有其他行业类安全学科都取消，行业安全问题通过妥善制定培养方案来解决。

第三，在保留安全科学与工程一级学科，设置安全工程、安全管理二级学科的基础上，再在其他 37 个行业工程学科（见图 4—5）下设本行业的安全学科，如化工学科下设化工安全、核工程下设核安全、矿业工程下设矿山安全、公安技术下设交通安全等。

第四，在其他 37 个行业（见图 4—5）工程学科下设本行业的二级安全学科，如化学工程与技术下设化工安全、核科学与技术下设核安全、矿业工程下设矿山安全、公安技术下设交通安全等，不再保留"安全科学与工程"这个一级学科。

将前三个方案放在互联网上调查，结果表明，第一、二、三方案的支持率分别是 39%、23%、61%。第四个方案由于设计较晚，没有参与网上调查，因此未取得结果。其实第四个方案和第三个方案有类似之处，都是在行业性学科中设置解决本行业安全的行业性安全学科。对第三个方案（或与之类似的第四个方案）的支持率高表明参与调查的人不同意将安全学科设置为一级学科，即便同意，也不相信这个学科以及其下的二级学科（安全工程、安全管理）的研究内容能解决行业中的安全问题。其实这完全是对安全学科的误解。

　　例如在矿业工程界，有少数观点认为安全科学与工程学科的内容解决不了矿山安全问题。也经常有人说，矿业工程的重大事故的发生原因很复杂，有社会环境、生产系统方面的原因，也有人的心理、行为方面的原因等，预防事故是一个庞大的系统工程。其实这是对该领域事故的原因分析没有细致到位的缘故。如果分析细致到位，就可以认识到，无论是矿业工程还是其他领域，情况都类似，事故的原因并没有上面说的那样复杂。案例分析（如上面的两个例子）已经表明，重大事故的发生原因也和一般事故一样，都是只由人的一个或几个不安全动作、物的一个或几个不安全状态所引起的，而这几个动作、物态在各个行业都基本相同，并没有太多的行业技术色彩。只要给员工以充分的案例、知识培训，使其认识到违章（不安全动作的一种类型）与事故的关系，就会大幅度减少违章的次数，也就会大幅度减少事故发生的次数和概率。培训、减少违章、物态研究等，正是现有安全科学与工程的研究内容。因此，认为安全科学与工程以及其下的安全工程、安全管理的研究内容不能解决矿业工程领域或者某个特定领域的安全问题，其实是一个错误认识。

　　如果按照网上调查得到的支持率，在各个行业性学科中设置解决本行业的安全学科，则该行业性安全学科所培养的专业人才可能就不具备为其他行业服务的能力，有可能被培养成本行业的技术人员（但技术水平却比不上本行业的工程人员，因此他们会很迷茫）而非安全专业人员，其在从事咨询、监管、科学研究、教育培训、企业安全管理实务等工作中，只会解决技术问题而不会解决造成80％以上事故的不安全动作问题，最终导致事故预防效果不佳。安全人员在石油开采、煤炭开采、沥青等行业流动的案例表明，安全科学与工程重在培养能解决各个行业共性安全问题的人才，而不是行业性学科所培养的行业专门技术人才。当然，行业工程科普知识对于在该行业执业的安全专业人员来说也是需要掌握的。

　　网上的调查结果也表明，对第二个二级学科设置方案的支持率最低。这表明，与第一个方案对比，参与调查的人员并不赞成将安全科学、应急管理、职业卫生设置为二级学科。可能的原因是，如果将它们设置为二级学科，那么该学科培养出来的学生就业时会发生一定的困难，安全科学的社会普及程度相对较低，应急管理与安全管理重合度较高但专业面比较窄，职业卫生和职业安全问题是不能严格分开的，所以有重合度。

综上所述，赞成把安全学科与工程设置为一级学科，而且赞成其下设置安全管理、安全工程两个二级学科，事故原因的研究虽然是安全管理、安全工程中都要研究的，但主要在安全管理中研究。

七、学科分类的遗留问题

2012年9月教育部发布的《普通高等学校本科专业目录》中，除了安全科学与工程类（0829）的安全工程（082901）外还有下列安全相关专业：0306公安学类的030614MK国内安全保卫、0809计算机类的080904K信息安全（工学、理学）、0822核工程类的082202辐射防护与核安全、0827食品科学与工程类的082702食品质量与安全、0831公安技术类的083104TK安全防范工程、0831公安技术类的083108TK网络安全与执法。其中，K表示国家控制专业，T表示特设专业，M表示拟列入《普通高等学校本科自设特殊专业目录》专业。

目前的目录中，在食品、核、安全保卫、计算机网络信息4个领域设置针对本领域的安全专业，意在解决这些领域存在的严重安全问题，但实际上目前安全问题严重的领域还有很多，如每年死亡人数最多的道路交通行业，矿业、石油、化工等行业的安全问题也很严重。按此思想，工学类的37个领域、非工学的行业都该设置针对本领域的安全专业。但是，应该注意到，解决这些领域自身安全问题的安全专业的内容，大部分内容（如事故致因）都与已有的安全工程专业的内容相重复，这些相同的内容实际上就是由"安全管理"和"安全工程"组成的"安全科学与工程"的内容，所以不必为每个行业、领域都设置一个自己的安全专业。目前在食品、核、安全保卫、计算机网络信息4个领域设置的本行业的安全学科属于遗留问题，它们还会存在多久值得思考。

第五节　安全学科的边界和特点

一、学科分类及安全学科的类别确定依据

GB/T 13745—2009《中华人民共和国学科分类与代码国家标准》阐述的学科分类的依据是"学科的研究对象、学科的本质属性或特征、学科的研究方法、学科的派生来源、学科的研究目的与目标5个方面"。

对安全学科来说，研究对象已经明确为事故，其他说法都不明确和不独立；学

科的本质属性是用研究目的或目标来体现的，两者基本是一样的，都是"预防事故"；学科的研究方法有社会科学和自然科学方法，因此安全学科是综合学科。GB/T 13745—2009 中已经指出："环境科学技术及资源科学技术、安全科学技术、管理学三个一级学科（群）属于综合学科，列在自然科学与社会科学之间。"

安全学科的派生来源，可以说在较早时期是来自矿业，那时人们认为安全问题只有矿山存在或者矿业的安全问题比较严重，所以原来安全学科是矿业工程学科下的二级学科；后来发现化工、交通、电力、核工业等行业安全问题也很严重，于是，安全学科的面扩大了。全面地说，安全学科（的内容）来自于各个学科或者行业，因此它与各个学科都有交叉。安全学科是把各个学科解决各个行业事故预防问题的共性研究拿出来而组成的学科，突出的是共性。

二、关于安全学科的边界

以安全学科的研究目的（事故预防）为研究目的的知识体系，是安全学科，否则就不是安全学科。这个边界应该是很清楚的。

有观点以为安全学科应该有一个明确的边界，而不应该像现在这样，与采矿、交通、食品、计算机、核能等很多学科都有交叉，边界不清。要求有边界是对的，但是这个边界，并不是用线条圈起来的圆圈或者其他形状的固定范围，而是从研究目的来看的，即"以事故预防为目的的研究或者学问是安全学科，否则不是"，这就是边界。

其他学科也没有人们想象的有可用几何图形描述的边界线。当然安全学科中的一些内容看起来别的学科中也有，但是那些都不是以安全为目的的，一旦加上以安全为目的，别的学科中就没有了。这是由安全学科的本质属性"预防事故"所决定的。

在现实中，一旦出了事故，虽然也责备当事人，但是人们主要责备安全科学家："你们都研究什么了？"研究安全的人，除了以预防事故为目的以外，其他的目的是很难想象得出来的。

在行政管理方面，安全学科可以由一个综合部门负责综合管理，其他部门从不同的侧面配合综合部门管理安全学科的一个方面。

三、安全学科的内涵

"内涵"在网上的解释是"一个概念所反映的事物的本质属性的综合，也就是概念的内容"。根据这个解释，可以说安全学科的内涵就是学科的内容，本书定义的安全学科的研究内容，即"预防事故的、以社会科学为基础的管理科学手段，预防事故的、以自然科学为基础的工程技术手段"，共两个方面。在百度、中国知网上搜索，几乎找不到"学科内涵"的准确解释，多数都是根据自己的理解解释某一个学科自己的内涵，而没有人解释"学科内涵"这个词本身的含义及其所包含的内容。本书中第四章第四节将安全学科的研究对象、研究目的、研究内容、研究方法、研究范围、学科属性、基本概念、基本规律8个问题称为学科内涵。这里说的"内涵"内容较多，主要是学科基本问题。

四、安全学科的管理性与工程性

安全学科"比较乱、偏软、谁都能做"，安全人才是"万金油"，不具有硬本事，学生不愿意学安全专业等说法存在良久。其实，没必要在乎安全学科的"软"。安全学科是预防事故的学问，能预防事故的内容就是安全学科具有特别重要价值的内容，在乎其"软"（管理性）、"硬"（技术性、工程性）没有实质性意义。预防事故，"软硬"两方面的内容都需要。根据世界卫生组织、海因里希、美国杜邦、美国NSC等权威机构和安全科学家的统计数字，以及日常的切身体会，安全事故的发生实际绝大多数是由疏忽、习惯、知识、意识、违章等问题引起的，深入研究、避免这些所谓"软"问题，事故就不会发生。轻视"软"方面的观点需要改变。而且，安全学科通过定量研究，其实是不"软"的。关键是能否"做"到深入、实在。

要通过定量手段把安全学科充实，有效预防事故，不是简单和容易实现的，安全专业人员也不是"万金油"，但确实要具备预防事故的"硬本事"。一些科学家一辈子研究安全，一些企业管理人员从安全员直至做到国家安全监管总局的局长，如果没有科学在安全学科或者安全业务中，就不需要花费一辈子的精力。一项学问或者科学，在未被人们深入认识之前，只是看起来很容易。这与学日语相似，初看上去日语文章大多是汉字，不学日语也能懂，其实深入看下去，却完全不是这样。

思考题

1. 安全学科是如何产生的？
2. 阐述安全学科的基本问题。
3. 安全学科的三个基本概念及其含义是什么？
4. 论述安全学科的基本规律。

5. 简述安全学科的内涵。

6. 简述安全学科的分类系统。

7. 简述课程设置方案调查结果产生的原因。

8. 简述安全学科的遗留问题。

作业与研讨

研究美国注册安全师（Certified Safety Professional）的考试机制，并与我国的注册安全工程师（Certified Safety Engineer）的考试内容进行对比。

第五章 安全学科人才培养体系概论

本章目标

了解安全工程专业的历史沿革，把握国外安全工程专业教育情况，掌握国内安全工程学科的教育现状，了解安全工程专业人才的社会需求。

按照教育部高等教育司理工处的《高等学校理工科本科专业规范（参考格式）》的要求，理工科专业规范内容共分为 5 个大的部分，分别是：一、专业教育的历史、现状及发展方向；二、该专业培养目标和规格；三、该专业教育内容和知识体系；四、该专业的教学条件；五、制定该专业规范的主要参考指标。因此，在下面的章节中将重点介绍第一部分中的"专业教育发展方向"和"主干学科"、第二部分中的"该专业培养目标"、第三部分中的专业教育知识体系、课程体系的设计，最后介绍各个学校使用该专业规范形成专业特色的方法。

第一节 我国安全工程专业的历史沿革

我国安全工程专业教育起始于 20 世纪 50 年代。1954 年由时任国家劳动部部长的李立三同志倡议，创立北京劳动干部学校，于 1956 年 2 月正式开学，设立"劳动保护""锅炉检查"和"劳动经济"三个专业，每班招生 100 人。1958 年，北京劳动干部学校升格为北京劳动学院（现首都经济贸易大学），开设"工业安全技术"和"工业卫生技术"本科专业。另外，1957 年煤炭部所属西安矿业学院（现西安科技大学）开始开设"矿山通风与安全"专业，成为我国第一批开设矿山安全类专业的高校。在此后的 25 年间，安全工程的教育规模一直未能扩大，1983 年以前全国开设安全工程专业的院校只有 4 所。在研究生培养方面，1953 年秋季，东北大学（原东北工学院）通风安全教研室以原苏联专家和关绍宗教授为首，首次招收了我国第一届矿山通风安全专业的研究生班，学员共 12 名。1981 年 11 月，国务院批准北京市劳动保护科学研究所为我国首批"安全技术与工程学"硕士学位授予单位。

1984 年，国家教育委员会颁布了《高等学校工科本科专业目录》，整合了劳动保护科学技术、工业安全技术、工业卫生技术、卫生工程学等综合性专业名称，统一称作"安全工程"，并将安全工程专业正式列为试办专业（试 32）。在这个目录中，安全工程专业和矿山通风与安全专业并存。之后，安全工程专业的办学规模开始以较快的速度发展，出现了一次办学点的增长高峰期。1986 年，中国矿业大学成为第一家培养安全工程类博士研究生的高校。到 1990 年，开办安全工程本科专业的高校达到 17 所。

1993 年，国家教育委员会颁布了《普通高等学校本科专业目录》，将安全工程专业设为一级学科管理工程下的二级学科，将矿山通风与安全专业设为一级学科矿业下的二级学科。1998 年，教育部第四次修改《普通高等学校本科专业目录》，压缩了 50％以上的本科专业，取消了矿山通风与安全专业，由安全工程专业涵盖所有行业的安全问题，并将安全工程专业设为一级学科环境与安全科学下的二级学科（代码 0810002）。

1996 年 12 月，受教育部委托，在原劳动部领导下，成立了高等学校安全工程专业教学指导委员会。安全工程专业教学指导委员会成立后，在全国开办安全工程类专业的院校的配合下，积极立项开展了全国安全工程高等教育改革调查研究项目、全国安全工程专业管理信息系统、安全工程专业课程体系研究等一系列项目，并组织编写了安全工程专业系列教材（5 本）。1997 年，原劳动部和指委会第一次提出了关于"安全科学与工程"应单列为一级学科、专业的调研报告（由刘潜教授执笔），对促进我国安全工程专业的发展起到了积极推动的作用。

2001 年以来，伴随党和国家对安全的高度重视，安全越来越被社会广泛关注，全国安全工程专业本科办学点数量大致以每年增加 10 所院校的速率快速攀升。

2004 年，安全工程学科教学指导委员会成立，在国家安全生产监督管理总局的领导下，积极开展了多项学科专业建设工作，成立了学科建设、教材建设、教学评估、学术交流四个分委会，并立项开展多项课题研究，继续开展了单列一级学科论证工作，对全国安全工程专业办学点的工作起到了很好的指导和促进作用。

2011 年 3 月 8 日，国务院学位委员会和教育部联合发布了"关于印发《学位授予和人才培养学科目录（2011 年）》的通知"（学位〔2011〕11 号）。在《学位授予和人才培养学科目录（2011 年）》中，将安全学科列为一级学科（原仅是矿业工程下的二级学科），成为工学门类中三十八个一级学科之一，名称为安全科学与工程，代码为0837。全国报考安全专业研究生将可获得安全科学与工程博士、安全科学与工程硕士学位。

安全学科自20世纪50年代建立本科开始发展至今，据不完全统计，到2011年全国设"安全工程"本科的高校为127所，硕士为46所，博士为20所，见表5—1。

表 5—1　　　　　　设置安全工程本科专业的院校数量变化情况表

年份	1957	1958	1982	1985	1990	2000	2001	2002	2003	2004	2005	2006	2008	2015
数量	1	2	3	16	17	30	34	45	56	68	75	85	114	160

表5—1中数据并不一定完全准确，但可以大致表述一种趋势。目前，我国已形成了一套完整的学士、硕士、博士三级学位教育及博士后研究的教育体系。

第二节　国外安全工程专业教育情况

一、美国大学安全工程教育

1. 职业安全健康教育范畴

现代职业安全健康的范畴不仅包括4个传统职业安全健康的内容，即职业安全（Occupational Safety）、工业卫生（Industrial Hygiene）、职业医学（Occupational Medicine）和职业健康护理（Occupational Health Nursing），而且还包括其他3个比较新的领域，即职工辅导员（Employee Assistance Professionals）、人机工程师（Ergonomists）和职业心理健康师（Occupational Health Psychologists）。

2. 职业安全健康教育产生的背景

随着18世纪工业革命的出现，工厂取代了小型的手工作坊，工作环境的改变，面临与工作相联系的伤害、疾病和死亡的挑战。

1867年，威斯康星州开始启动工厂检查员制，10年后，波士顿州对危险机器的防护制定了附加法律。19世纪初，新泽西、威斯康星和其他一些州制定了工人补偿法，雇主有义务对工场事故进行经济补偿。在此法律的推动下，有组织的安全计划开始启动，出现了职业安全人员。一些规模大、发展好的行业，特别是钢铁和保险产业，配备了专职的职业安全人员。其他行业则指定懂工艺、设备及工作原理的、经验丰富的工人负责事故预防工作。1913年，纽约州劳工部设立工业卫生处，

19世纪20年代至30年代，工业卫生培训与研究展开，从70年代开始，大学出现职业安全健康课程计划的设置。

美国安全工程师协会认定职业安全人员有四个基本作用：预测、识别和评价危险因素和危险操作；进行危险因素控制设计、控制方法、控制程序和控制计划；贯彻执行危险控制及控制程序；测量、审核和评估危险控制和危险控制程序的有效性。

据不完全统计，约50％的职业安全人员拥有学士学位，大约30％的职业安全人员拥有安全学士学位，大多数职业安全人员是从其他专业（如工程、商业、物理科学等）转入的，然后再进行职业安全学习。

3. 职业安全健康教育情况

就办学层次而言，有如下几种：

（1）结业证书或资格证书（Associate Degree or a Certificate）：一些社区大学和新办大学（Community and Junior Colleges）为2年制，学分可转到学士学习阶段。

（2）安全理学学士学位（Bachelor of Science）：约有32个学院设置了安全理学学士学位。还约有24所院校（包括大学、独立学院、技术学院和社区学院）能够提供以职业安全为副科的学士学位、两年制安全领域的学位教育、安全证书教育等。

（3）硕士学位（Master's Degree）：约有31所大学设置了硕士学位（Master's Degree），MA（Master of Arts）、MS（Master of Science）、MPH（Master of Public Health Degrees），涉及管理、工程、人机学等。

（4）博士学位课程（Doctoral Programs）：有9所大学设置博士学位课程（Doctoral Programs）。

4. 职业安全健康学生毕业后的去向

职业安全健康学生毕业后主要从事制造业、采矿、运输、农业、化工、炼油、建筑工业或从事服务业。有的毕业生从现场安全工作岗位干起，最后一直升到大公司的安全主管。很多安全主管被提升到其他安全特别重要的部门做主管。

5. 认证安全专业人员〔Certified Safety Professional（CSP）〕

美国安全专业人员资格认证委员会〔The Board of Certified Safety Professionals（BCSP）〕对申请人员进行评估，为符合要求者颁发认证安全专业人员（Certified Safety Professional，CSP）证书。

获得职业安全人员资格的优先条件是：获得ABET认可的安全科学学士学位，

有 4 年安全工作经验，通过由 BCSP 组织的有关考试。由于许多从事安全工作的人是非安全专业教育背景，因此，这类人申请职业安全资格时必须提交有关的学位证书和职业安全工作经历证明，以代替安全科学学士学位。

据不完全统计，美国开设安全工程相关本科学位教育的部分学校见表 5—2。

表 5—2　　　　　　　　　　部分美国高校开设安全类专业情况

序号	学校名称	专业名称	学历层次
1	Colorado State University 科罗拉多州立大学	环境卫生	理学学士、硕士、博士
2	Florida Atlantic University 佛罗里达大西洋大学	公共安全管理	理学学士、公共安全管理学士
3	Idaho State University 爱达荷州立大学	应急管理	理学学士
4	Montana State University Billings 蒙大拿州立大学比林斯	消防科学	理学副学士
5	Southeastern Oklahoma State University 东南俄克拉荷马州立大学	职业安全与健康	理学学士 理学硕士
6	Tulane University 杜兰大学	公共健康	理学学士
7	University of Louisiana at Lafayette 路易斯安那大学拉斐特分校	保险与风险管理	理学学士 文学学士
8	American Public University 美国公立大学（网络大学）	应急与灾害管理	文学学士、硕士
		火灾科学管理	理学学士
		安全管理	文学学士、硕士
		公共健康	理学学士、硕士
9	Anna Maria College 安娜玛丽亚学院	火灾科学	理学学士
10	Appalachian State University 阿巴拉契亚州立大学	风险管理与保险	理学学士
11	Auburn University at Montgomery 蒙哥马利奥本大学	司法与公共安全	理学学士、硕士
		国土安全与应急管理	理学硕士
12	California State University, Los Angeles 加州州立大学洛杉矶分校	消防管理及其技术	理学学士
		火灾风险分析及控制	本科证书课程

续表

序号	学校名称	专业名称	学历层次
13	Bowling Green State University 博林格林州立大学	消防管理	理学学士
14	Champlain College 尚普兰学院	网络安全	理学学士
15	Colorado Technical University Sioux Falls Campus 科罗拉多技术大学苏福尔斯校园（网络课程）	计算机系统安全	理学硕士
16	Columbia Southern University 哥伦比亚南部大学（网络大学）	职业安全与健康	理学学士、硕士
17	Eastern Kentucky University 东肯塔基大学	消防保护与安全工程技术	理学学士
		安全、安保及应急管理（火灾及应急服务）	理学硕士
		安保及应急管理（国土安全及应急管理方向）	理学硕士
		风险管理及保险	理学学士
		职业安全	理学学士
18	Florida Gulf Coast University 佛罗里达海湾海岸大学	社区健康	理学学士、硕士
19	Gannon University 加努恩大学	风险管理与保险	理学学士
20	Holy Family University 圣洁家庭大学	火灾科学与公共安全管理	文学学士
21	The City University of New York 纽约城市大学	火灾与应急服务	文学学士
		安全管理	理学学士
22	Lake Superior State University 苏必利尔湖州立大学	火灾科学	理学学士
23	Murray State University 莫瑞州立大学	职业安全与健康	理学学士、硕士
24	New Jersey City University 美国新泽西城市大学	火灾科学	理学学士
		国家安全	理学学士
		国家安全、领导、管理和政策	理学博士

序号	学校名称	专业名称	学历层次
25	Rochester Institute of Technology 罗彻斯特理工学院	环境、健康与安全管理 计算机安全	理学学士、硕士
26	Keene State College 基恩州学院	安全和职业健康应用科学	理学学士、硕士
27	Southern Illinois University Carbondale 南伊利诺伊大学卡本代尔校区	消防服务管理	理学学士、硕士
		消防服务及国土安全管理	理学学士、硕士
28	Southwestern College 西南学院	火灾科学	准理学学士学位
29	Stephen F. Austin State University 斯蒂芬·奥斯汀州立大学	健康科学	理学学士
30	Temple University 天普大学	风险管理和保险	工商管理学士 理学硕士
31	Texas Wesleyan University 德克萨斯卫斯理大学	消防管理	培训
32	Texas Southern University Graduate School 德克萨斯南方大学研究生院	卫生保障管理	理学硕士
33	The University of Akron 阿克伦大学	消防技术	准学士学位
34	Tiffin University 提芬大学	安全管理与保障管理	工商管理硕士
35	University of Central Florida 中佛罗里达大学	工业人机工程与工业安全	理学学士、硕士
36	University of Cincinnati 辛辛那提大学	消防与安全工程技术	理学学士
		职业安全与人机工程	理学硕士
37	University of Florida 佛罗里达大学	消防与应急服务	理学学士
38	University of Illinois at Chicago 伊利诺伊大学芝加哥分校	环境与职业卫生科学	公共卫生硕士、理学硕士
39	University of Maryland，College Park 马里兰大学帕克分校	消防工程	理学学士
40	University of Nebraska at Kearney 内布拉斯加州立大学科尼校区	工业安全	准学士学位
41	University of New Haven 纽黑文大学	火灾科学	理学学士

续表

序号	学校名称	专业名称	学历层次
42	University of North Dakota 北达科他大学	职业安全与环境卫生	理学学士
43	University of South Florida 南佛罗里达大学	职业安全与健康	理学学士
44	University of the District of Columbia 美国哥伦比亚特区大学	火灾科学管理	理学学士
45	Indiana University of Pennsylvania 印第安纳大学宾州分校	安全科学	理学学士
46	Stevens Institute of Technology 斯蒂文斯理工学院	系统安全工程	工程硕士

二、英国大学安全工程教育

1. "安全工程"的出现

"安全工程"作为术语最早出现在化工工程中，由于二十世纪七八十年代化学工业事故频出，相继发生了 Flixborough 爆炸、北海油田 Piper Alpha 平台爆炸等后果严重的工业事故，使得安全工程作为控制生产中人为因素和对工业事故评估的重要环节而逐渐被人们所重视，并且随着时间的推移，安全工程逐渐延伸到所有的工程相关领域。如今对于安全工程的研究，已不仅仅局限于工程的安全性和可靠性，而成为一个涉及专业工程技术、统计、心理、经济、法律、卫生健康、环境生态的综合性学科，对于其研究的重点，也从单一的对于技术层面的评估和人为因素考量，转移到金融和环境的风险管理上。

1945 年，英国创建了职业安全与健康研究所（IOSH）。该所是一个独立的非营利非政府组织，从事设定行业标准，支持与发展会员，为会员提供安全健康问题方面的权威建议、培训指导等工作。该所作为欧洲领先的职业安全健康专业机构，在世界范围有将近三万名会员，包括八千多名世界公认的安全健康专家。

2. 设有安全工程教育的大学和专业

大学是英国教学研究的主体，其研究成果与实际的生产生活有着紧密的联系。英国的大学总共有百余所，其中大多数为综合性教学与科研机构。

安全工程作为一个新兴的综合性学科，已经逐渐被英国大学所接受。英国大学中的安全工程教育分如下几个层次：

本科专业教育——有十多所大学已经开设了安全/健康/环境工程的本科学士课程。

本科非专业教育——有二十多所大学在其开设的本科课程中，设安全工程为第三年的选修教学模块之一，尤其是化工工程、建筑工程和设计相关专业中。

研究生课程——许多学校开设有安全工程相关的研究生课程以及长期定向研究课题组和研究中心。

据不完全统计，英国开设安全工程相关本科学位教育的部分学校见表5—3。

表5—3 部分英国高校开设安全工程相关本科学位教育情况

序号	大学	专业	学历层次
1	The University of Edinburgh 爱丁堡大学	Structural and Fire Safety Engineering 结构和防火安全工程	工学学士学位 工学硕士学位
2	University of the West of England 西英格兰大学	Health, Safety and the Environment 健康安全与环境	理学学士（荣誉）学位
3	North-East Wales Institute 东北威尔士高等教育学院	Occupational Health, Safety and Environmental Management 职业健康、安全与环境管理	理学学士（荣誉）学位
4	University of Greenwich 格林威治大学	Occupational Health, Safety and Health 职业健康、安全与健康	理科学士（荣誉）学位
5	Middlesex University 密德萨斯大学	Occupational Health and Safety Management 职业健康安全管理	理学学士学位
		Risk Management 风险管理	理学学士学位 理学硕士学位
6	Nottingham Trent University 诺丁汉特伦大学	Safety, Health and Environmental Management 安全健康和环境管理	理学学士（荣誉）学位
7	Leeds Metropolitan University 利兹城市大学	Occupational Safety & Health 职业安全和健康	理学学士（荣誉）学位
8	University of Central Lancashire 中央兰开夏大学	Fire Engineering 防火工程	工学学士（荣誉）学位
		Fire Engineering Management 防火工程管理	理学学士（荣誉）学位
9	South Bank University 伦敦南岸大学	Health Protection 安全防护	理学学士（荣誉）学位

续表

序号	大学	专业	学历层次
10	Aston University 阿斯顿大学	Construction and Health & Safety Management 建筑工程健康及安全管理	理学学士学位
11	University of Birmingham 伯明翰大学	Disaster Management and Technology（工业）灾害管理和技术	理学学士学位
		Safety, Risk and Reliability Management 安全风险和可靠性管理	理学学士学位
12	Bangor University 班戈大学	Critical Safety Engineering 关键安全工程	工学学士学位

　　开设安全工程本科学位课程的学校一般都开设有相关研究生课程，除了表5—3中所列开设本科学位课程的学校外，其他开设研究生课程的部分学校见表5—4。

表5—4　　　部分英国高校开设安全工程相关研究生学位教育情况

序号	大学	专业	学历层次
1	University of Aberdeen 阿伯丁大学	Safety & Reliability Engineering for Oil & Gas 油气安全和可靠性工程	理学硕士
		Process Safety 过程安全	
2	University of Ulster 阿尔斯特大学	Fire Safety Engineering 消防安全工程	理学硕士；应用型硕士文凭
3	Heriot-Watt University 赫尔瓦特大学	Safety and Risk Management 安全和风险管理	硕士、博士
4	Lancaster University 兰卡斯特大学	Safety Engineering（Industrial based）安全工程（工业方向）	硕士
5	University of Paisley 佩斯里大学	Safety with Environmental Management 安全与环境管理	硕士
6	Cranfield University 克兰菲尔德大学	Human Factors in Health and Safety at Work 工作时的人因健康和安全	硕士
		Safety and Accident Investigation 安全和事故调查	硕士

序号	大学	专业	学历层次
6	Cranfield University 克兰菲尔德大学	Human Factors and Safety Assessment in Aeronautics 航空的人为因素和安全评估	硕士
7	University of Leeds 利兹大学	Fire and Explosion Engineering 火灾和爆炸工程	硕士
8	University of Sheffield 谢菲尔德大学	Process Safety and Loss Prevention 过程安全和损失预防	硕士
9	University of Nottingham 诺丁汉大学	Human Factors and Ergonomics 人机工程学	理学硕士
10	University of Salford 索尔福德大学	Occupational Safety and Health 职业安全与健康	理学硕士

科研课题组及研究中心一般为硕士和博士项目，有政府或企业基金支持，研究成果与实际生活联系紧密。设有长期的定向研究课题组和研究中心的学校有：

阿伯丁大学 安全工程课题组 （Safety Engineering Unit）

http：//www. eng. abdn. ac. uk/safetyg/

爱丁堡大学建筑火灾安全工程研究中心 ［Building Research Establishment (BRE) Center for Fire Safety Engineering］

http：//www. civ. ed. ac. uk/research/fire/

布里斯托大学 安全系统研究中心 （Safety Systems Research Centre）

http：//www. bristol. ac. uk/ssrc/

格林威治大学 消防安全课题组 （Fire Safety Engineering Group's）

http：//fseg. gre. ac. uk/

伦敦大学 安全与环境工程课题组 ［Safety and Environmental Engineering Group's （SERG）］

http：//www. ucl. ac. uk/chemeng/research/cape/

利兹大学消防安全工程中心 （Fire Safety Engineering Centre）

除了大专院校外，还有些专门机构进行安全工程的相关培训，如英国职业安全与健康研究所 （IOSH）。

以上数据来自：http：//www. iosh. co. uk。

三、日本大学安全工程教育

1. 安全工程专业的创建

1967 年，在横滨国立大学，由北川彻三教授提议，经日本文部科学省批准，在该校电气化学专业的基础上，创建了日本国内第一个安全工程专业。

创建安全工程专业的出发点在于随着现代产业的技术进步，各种灾害事故的发生机理越发复杂化，在事故灾害的对策方面也体现出越来越高的技术要求。因此，催生了安全工程专业的创建。

北川彻三教授还是日本安全工程学会的创始人之一，曾长期担任该学会的会长。该学会成立于 1957 年，通过近五十年的学术活动，在灾害防治、安全工程的确立、安全科技知识的普及等方面做出了积极贡献。学会为了纪念北川彻三教授，设置了北川学术奖，用来奖励安全工程专业领域中在学术上做出杰出成就的人。

2. 安全工程专业代表性大学——横滨国立大学的沿革

横滨国立大学创建安全工程专业之后不久，京都大学的若园吉一教授、井上恭威教授等相继调入该校充实了安全工程专业教师队伍。

1985 年，横滨国立大学工学部的安全工程专业、应用化学专业、材料化学专业、化学工程专业共四个专业合并，成立了物质工程专业，安全工程作为该专业的七个教育研究方向之一继续办学。

1998 年，该校实施大讲座（即专业方向）制，安全工程专业教育是以该物质工程专业的四个大讲座之一的"环境能量安全工程大讲座"的形式继续办学。

截至 2001 年，该校安全工程专业毕业的本科生约 1 300 人，其中约 1 200 名活跃在各个企业，约 50 名在政府机关，约 40 名在大学任职。

3. 几所院校安全工程专业教育现状

日本大学的安全工程教育分为专业教育和非专业教育两类，专业教育分为不同层次，既有本科层次，也有研究生层次，其中以研究生层次为主。

（1）专业教育。依据 2006 年日本文部科学省统计资料显示，日本共有大学726 所，其中私立大学有 553 所，占学校总数的 76.2%，私立大学学生总数为2 112 291 人，占日本大学生总数的 73.7%；公立大学有 86 所，学生总数为 124 910 人；国立大学有 87 所，学生总数为 627 850 人。在日本，开办安全工程专业教育的学校数量较少，主要有以下几所，见表 5—5。

表 5—5　　　　　　　　日本开办安全工程专业教育的院校

大学	院、部	专业	对象层次	证书
横滨国立大学	研究生院 安心·安全的科学 研究教育中心	高风险管理技术	硕士研究生、 博士研究生	所属专业硕士＋ 单元履修证书
	工学部	物质工程专业 （环境能量安全 工程方向）	本科生	学士
筑波大学	研究生院 系统信息工程研究科	风险工程	硕士研究生、 博士研究生	社会工学硕士、 博士，工学硕士、 博士
长冈技术 科学大学	专职研究生院 技术经营研究科	系统安全专职	硕士研究生	系统安全硕士（专职）
东京农工大学	专职研究生院 管理研究科	技术风险管理	硕士研究生	技术管理硕士（专职）
神户大学	工学部	市民工程 （安全人因工程＋ 环境共生工程）	本科生	学士
	大学院工学研究科	市民工程 （安全人因工程＋ 环境共生工程）	硕士研究生、 博士研究生	工学硕士、博士
福井大学	大学院工学研究科	原子能安全工程	硕士研究生、 博士研究生	工学硕士、博士
千叶科学大学	危机管理系	危机管理	本科生	学士
香川大学	工学部	安全系统建设 工程	本科生	学士
东京大学	工学部	安全·安心与科学技术	社会人	无资格证书

　　（2）非专业教育。在日本，就大学的安全工程非专业教育而言，主要是通过为非安全工程专业的学生设置一些安全工程相关课程，来传授所需的安全工程相关知识。这些课程多以《安全工程概论》一类的形式设置。例如，早稻田大学理工学部环境资源工学科作为必修课开设的《环境安全工程概论》，东京工业大学工学部化学工学科作为选修课开设的《过程安全工程》（Safety Engineering For the Process

Plant），筑波大学作为选修课开设的《安全工程概论》（Introduction of Safety Engineering）等。神户大学工学部安全工程课程设在三个不同学科，在建设学科土木系开设《地震安全工程》，在机械工学科开设《安全工程·工学伦理》，在应用化学科开设《安全工程》。

第三节　国内安全工程学科教育现状

以 2015 年统计得到的开设安全工程专业的高校为例，见表 5—6。

表 5—6　　　　　　　　　　国内开设安全工程专业的高校

地区名称	设 置 学 校
北京	清华大学、北京航空航天大学、中国矿业大学（北京）、北京理工大学、北京科技大学、中国地质大学（北京）、首都经济贸易大学、北京化工大学、中国石油大学（北京）、北京交通大学、中国劳动关系学院、华北电力大学、北京工业大学、中国人民公安大学、北京石油化工学院
天津	天津理工大学、中国民航大学、天津城建大学、南开大学
河北	华北科技学院、河北大学、河北工业大学、河北科技大学、石家庄铁道大学、华北理工大学、中国人民武装警察部队学院、河北工程大学
山西	太原科技大学、太原理工大学、中北大学、太原工业学院、山西工程技术学院、大同大学
内蒙古	内蒙古科技大学、内蒙古工业大学
辽宁	东北大学、辽宁工程技术大学、沈阳航空航天大学、大连交通大学、沈阳建筑大学土木工程学院、辽宁石油化工大学顺华能源学院、沈阳化工大学、沈阳建筑大学城市建设学院、沈阳理工大学、辽宁石油化工大学机械工程学院、大连理工大学
吉林	吉林化工学院、吉林建筑大学、长春工程学院、长春建筑学院、吉林建筑大学城建学院
黑龙江	哈尔滨理工大学、黑龙江科技大学、东北林业大学、东北石油大学
上海	上海应用技术学院、华东理工大学、上海海事大学
江苏省	中国矿业大学、南京工业大学、南京理工大学、江苏大学环境学院、淮海工学院、常州大学、中国矿业大学徐海学院、江苏大学京江学院、南京航空航天大学、盐城工学院、南京工程学院、常熟理工学院、徐州工程学院
浙江	中国计量学院、浙江工业大学、浙江海洋学院
安徽	中国科学技术大学、安徽理工大学、安徽工业大学、安徽新华学院、安徽建筑大学、安徽三联学院

地区名称	设 置 学 校
福建	福州大学、福州大学至诚学院
江西	江西财经大学、江西理工大学、南昌大学、南昌理工学院
山东	山东科技大学、青岛科技大学、聊城大学、山东交通学院、中国石油大学（华东）、青岛理工大学、滨州学院、山东工商学院、山东农业大学、青岛远洋海员学院、齐鲁工业大学、山东管理学院
河南	郑州大学、中原工学院、平顶山工学院、河南工程学院、河南理工大学、河南城建学院、河南理工大学万方科技学院、河南科技大学
湖北	武汉工程大学、武汉科技大学、中国地质大学（武汉）、中南财经政法大学、湖北理工学院、湖北大学、武汉理工大学
湖南	湖南科技大学、中南大学、南华大学、湖南工学院、湖南农业大学、湖南大学、湘潭大学
广东	华南理工大学、东莞理工学院、广东工业大学、北京理工大学珠海学院
广西	广西大学、广西民族大学
重庆	重庆大学、重庆科技学院、重庆交通大学、重庆三峡学院
四川	四川大学、四川理工学院、四川师范大学、西南科技大学、中国民用航空飞行学院、西南交通大学、西南财经大学、成都信息工程大学、成都理工大学、西南石油大学
贵州	贵州大学、贵州工业大学、贵州理工学院、六盘水师范学院、贵州工程应用技术学院
云南	昆明理工大学
陕西	西安科技大学、西北工业大学、西安建筑科技大学、西安石油大学、长安大学、榆林学院、西安电子科技大学、空军工程大学
甘肃	兰州理工大学、兰州交通大学、陇东学院
宁夏	宁夏理工学院、北方民族大学
新疆	新疆工程学院

经统计开设安全工程专业的高等院校的类型很多，已有军工、航空、化工、石油、矿业、土木、交通、能源、环境、经济等十几个领域。

开设安全工程专业的高校在全国各省市的分布数量如图 5—1 所示。

由图 5—1 可以看出，安全工程专业地域分布较为广泛，其中北京、河北、辽宁、江苏、山东、四川、河南、陕西等地分布较多，而西藏、青海、海南尚没有院校设置该专业。开设安全工程的 160 所学校中，我国西部 12 个省级行政区分布了

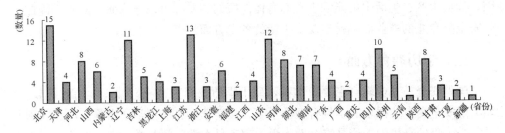

图 5—1　开设安全工程专业的高校在全国各省市的分布图

38 所高校，中部地区 8 个省级行政区分布了 47 所高校，东部的 11 个省级行政区分布了 75 所高校。

对比安全工程专业高校的省份分布状况可以看到，现在有安全工程专业的高校分布更趋于均衡。设置安全工程的 160 所高校中，分布在中东部地区的占 76.3%，而西部地区相对较少，仅占 23.7%。这种分布一方面是与我国在中东部高校分布集中，西部地区数量相对较少的总体分布状况有关，同时也与我国各地区的经济发展状况、人口密度、专业需求量等有关。

第四节　国外和中国人才培养对比研究

一、生源方面

我国安全专业的学生大部分都是刚刚完成 12 年基础教育的应届毕业生，知识连贯性好，但是缺乏社会与工作经验。他们在大学期间通过学习获取基础知识。

国外安全类的学生很大一部分已经是各个行业的工程技术人员，他们掌握一定的行业技术知识和工作经验。他们获取基础知识的途径有多种，对解决安全问题有较多的经验，这对学习专业课十分有利。

二、设置专业方面

国外安全类专业名称较多，在专业名称方面没有统一，涉及设计管理、工程技术、职业卫生、环境等各个方面。

美国经济高度发达，美国的安全类专业更侧重的是通过教育，灾害的辨识、评估和控制，风险管理来提升工作场所的安全和健康水平。而我国安全工作的重点是预防事故、减少人员伤亡等事故损失。这也是美国安全类专业课程名称繁多的原因，社会生产、生活中可能危害人们身体健康的物质都可以作为研究对象。因此国外安全类专业的就业面也就涉及了生活的各个方面。

三、学历教育方面

国外安全类专业教育主要为本科，硕士学历教育为补充，博士学历教育较少。如美国安全类专业授予的学位有理学学士、文学学士、准理学学士等。而在我国开设安全工程的高校中无论是综合性大学、理工科大学、师范类大学、农业类大学无一例外的授予的都是工学学士。从授予的学位上可以看出我国安全工程专业培养人才的侧重点，以及所培养人才的单一性。国外的安全类专业在不同的大学中分布在管理学院、工学院、医学院、社会科学学院、艺术学院等院系，我国的安全工程则大部分分布在安全工程学院、能源学院、资源与工程学院、矿业工程学院、环境学院等工科性质比较明显的院系，这也反映了我国安全工程的工科特性。

四、培养目标方面

国外的大多数高校安全类专业培养目标的特点是目标明确、凸显行业特色。而我国的专业培养目标与课程相关的设置都是由国家专门的教育机构所统一规划并制定的，虽然在教育体制上显得相对完整，也更加利于管理，但是却缺少了一定的灵活性，不同高校的学院也较难根据自身的专业特色将课程进行进一步的细化。

五、学位方面

国外高校与安全相关的学位有理学、工学、文学等，我国安全类专业基本属于工科，授予学位为工学学士、工学硕士、工学博士。

第五节　安全工程专业人才培养

一、安全学科人才培养目标

在《安全工程本科专业规范》中，这样描述安全专业的培养目标："本专业的目标就是培养德智体全面发展的，具备安全科学基础知识、解决安全问题的基本技能的，具备行业安全工程技术基础知识、安全管理科学知识的，掌握多种事故预防手段，且具备应用能力，能够有效进行事故预防工作、有效进行事故后损失控制工作的综合型专业人才"。总之，所培养的人才应当是既能解决安全技术问题，也能解决安全管理问题，能够在企业、政府、研究、设计等部门从事安全工作，具备注册安全工程师基础知识的专门人才。这里面突出了"综合型专业人才"，和该专业教育的发展趋势是呼应的。各个学校可以在形成了自己的专业特色（方法见后面阐述）之后，在自己的培养目标中加入"适合某一个或者几个特殊行业的需要"这样的具体目标，以具体化目前一些学校培养"万能型人才（常被指为'空洞'）"的培养目标，使培养目标真正成为教学工作的指南。

要分析专业发展方向，必须从专业的研究对象、研究目的开始。前面已经多次谈到，安全工程学科的研究对象是"事故"，研究目的是"预防事故"。根据海因里希（Heinrich）等古典研究和现代事故预防实践，安全事故发生的直接原因有两个，一个是物的不安全状态，另一个是人的不安全动作，其中后者导致了85％以上的事故。所以要有效预防事故，理论和实践均已证明，必须采取能解决这两个直接原因的综合策略。要解决前者，自然科学、工程技术是必需的，而要解决后者，则社会科学、管理科学是不可或缺的。基于上述分析，在《安全工程本科专业规范》中，将安全工程学科的发展方向与趋势阐述为"专业教育必然逐步趋向于综合化，即安全学科的文理综合性、学科交叉性、行业横断性这一个客观事实将更加充分地得以体现"。我国目前的安全管理、事故预防手段中，工程策略还是主要手段，但是行为科学、管理手段等解决人的不安全动作的手段正在增加。

总之，安全学科所培养的人才应当是既能解决安全技术问题，也能解决安全管理问题，能够在企业、政府、研究、设计等部门从事安全工作，具备注册安全工程师基础知识的专门人才。

二、安全工程专业研究生人才培养内容

1. 基本要求

应较好地掌握马克思主义基本原理、中国特色的社会主义理论体系，坚持科学发展观，拥护党的基本路线和方针政策，热爱祖国，遵纪守法，具有良好的职业道德和创业精神，积极为我国的经济建设和社会发展服务；掌握安全学科领域坚实的基础理论和宽广的专业知识，了解本学科的发展动态和学科前沿，熟悉本学科领域的新理论、新方法、新技术和新设备，具有科研创新意识和解决安全工程实际问题的能力；要求掌握一门外国语，能比较熟练地阅读本专业的外文资料；能熟练使用计算机；具有健康的体格和心理。

基础理论课课程设置：工程数学、力学、传热学、灾害物理化学、燃烧与爆炸学、计算机模拟等。

专业课课程设置：安全科学原理、安全工程学、公共安全理论、安全管理学、安全系统工程学、灾害防治理论与技术、安全监测监控、行业安全工程技术、实验知识与实验技能等。

2. 基本素质

（1）学术素养。应具有从事安全科学与工程学科工作的才智、涵养和创新能力，具备逻辑思维和推理判断能力，了解安全科学与工程学科的进展与新动向，勤于钻研，博采众长，努力创新，了解安全科学与工程学科相关的知识产权、研究伦理等方面的知识，具有从事本学科的科学研究、教学或承担专门技术和管理工作的能力。具有良好的质量、环保及安全意识，具有较强的事业心和艰苦奋斗、开拓创新精神，积极为社会主义现代化建设事业服务。具有科学严谨和求真务实的学习态度和工作作风，掌握科学的思想和方法，坚持实事求是、勤于学习、勇于创新，富有合作精神。

（2）学术道德。应树立正确的世界观、人生观、价值观，加强自身学术道德修养，恪守学术道德规范，做一个有良知、有道德、有诚信的科研工作者。在科学研究中坚持严肃认真、严谨细致、一丝不苟，遵循学术研究的程序、方法和规范，发挥自己的创造性，创造出精品力作，推动安全科学与工程学科的繁荣与发展，服务社会安全，保障生产安全。

3. 基本学术能力

（1）获取知识能力。应通过学习基础理论课和专业课、阅读科技文献、参与实验和学术团体交流等途径，有效获取专业知识和研究方法，具有自我获取知识的能力。

（2）科学研究能力。应针对具体的安全科学与技术问题，查阅相关科技文献资料，了解国内外相关研究前沿动态，能够发现存在的科学问题，在导师的指导下，提出可行的研究方案和技术路线，并运用相关理论和方法进行解决，具有分析问题、解决问题的科研创新能力。

（3）实践能力。应具有从事安全科学研究工作或独立担负专门安全技术与管理工作的能力，应用安全科学与工程基本知识解决实际问题或技术开发，熟练掌握本学科相关实验技能，善于与他人和学术团队合作。

（4）学术交流能力。应参加相关课题的探讨、论证、研究活动，采用讨论、展示等方式，与相关专业的研究者、学习者交流知识、经验、成果，具有较强的沟通和交流能力。

（5）其他能力。获本学科学术型或学术应用型硕士学位；应在不同行业、不同领域背景下，具有相应的创新科研能力要求；应有独立工作能力、组织管理能力等。

三、安全工程专业高等教育人才培养趋势

我国安全工程专业毕业生的就业去向范围比较广泛，涉及国有企业、民营及私营公司、中小学及其他教学单位、部队、其他事业单位、高等学校、机关、科研设计单位、三资企业等各种性质，主要从事安全技术及工程、安全科学与研究、安全监察与管理、安全健康环境检测与监测、安全设计与生产、安全教育与培训等方面的工作。

安全专业的毕业生可以在企事业单位及政府从事安全技术、安全管理或安全评价工作，亦可从事应急管理、风险控制、灾害预防、保险等工作，或到科研院所、学校从事相关的科研和教学工作。还有很大一部分毕业生选择了考研或者留学来继续深造。安全工程专业的毕业生可在安全技术与工程、安全管理等相关学科方向继续深造。

中南大学的吴超教授在其博客中列举了中南大学安全工程专业本科毕业生就业单位的行业与单位性质。毕业生就业单位的行业主要分布在各类建筑施工类企业（中铁、中交、中建、中隧、中国水利水电、电力建设等），2007 年、2008 年、2009 年分别为 21%、30%、54%；矿业类企业（中国五矿集团、中铝集团、中国黄金集团冶金集团、中钢集团等下属企业），2007 年、2008 年、2009 年分别为 23%、35%、18%；机械电子类企业（富士康、比亚迪等），2007 年、2008 年、2009 年分别为 29%、25%、16%；安监局等行政事业单位，2007 年、2008 年、2009 年分别为 9%、5%、10%。单位性质主要为国有企业，占的比重较大。进入行政事业单位就业的毕业生有逐年下降的趋势，在其他企业单位就业的毕业生逐年增加。

安全工程专业的毕业生的就业方向以一些专业局限性不大的行业为主，比如评价公司、政府部门等，而那些对于专业要求很严格的行业的安全工作很多是由本专业人员来从事，而非科班出身的安全工程人员。对于那些课程设置行业比较明显的高校毕业生，他们毕业后大部分从事的是跟学科设置背景一致的行业。比如中国民航大学的安全工程专业毕业生的就业方向主要是面向民航机关及企事业单位、政府相关职能部门、保险及一般工业企事业单位。中国矿业大学（北京）安全工程专业的学生的一次就业率较高，主要就业方向为读研和到国有大中型煤矿企业，突显了学校的行业特色。同时安全工程也发挥了"大安全"的优势，2012 年就业的学生

中有 36.85％的学生到机电、消防、咨询、港口、保险等行业的安全部门就业。

安全工程专业人才的需求，主要体现在如下方面：

1. 依法设置的专职安全生产管理人员的需求

为了更好地做好安全生产工作，企业需要挑选一批具有责任心的人员从事安全管理工作。

根据《中华人民共和国安全生产法》（2014）第二十一条的规定，矿山、金属冶炼、建筑施工、道路运输单位和危险物品的生产、经营、储存单位，应当设置安全生产管理机构或者配备专职安全生产管理人员。其他生产经营单位，从业人员超过一百人的，应当设置安全生产管理机构或者配备专职安全生产管理人员；从业人员在一百人以下的，应当配备专职或者兼职的安全生产管理人员。

2. 我国安全科技整体水平提高对安全工程专业人才的需求

随着工业生产的快速发展，重大危险源及重大事故隐患的种类和数量不断增多，灾害防治的复杂性也在增加，一些共性和关键性安全技术与装备问题制约着安全生产状况的改善，急需对这些安全技术问题进行研究、开发和集成，提高安全科技的自主创新能力，提升安全科技的整体水平。随着我国安全科技整体水平提高的进程，也将逐步体现出社会对安全工程专业人才需求的增大。

3. 安全评价、认证、培训、咨询等安全生产中介组织人才的需求

对企业安全生产条件和安全生产状况的评价与报批工作由中介机构来完成。中介机构除了对企业的安全生产条件和安全生产状况进行评价外，还要代表政府对企业是否按照安全生产的基本要求开展生产进行指导和督促。为了充分发挥中介机构的作用，通过对企业安全生产提供服务和指导，达到企业安全生产的目的，中介机构需要大量能力突出的、具有安全评价师、注册安全工程师资质的人员作为支持。

国务院在"十二五"规划中提出："十二五"期间要大力培育和发展安全评价、认证、检测检验、培训、咨询等安全生产中介组织，构建安全生产中介服务体系，进一步完善安全生产中介组织从业人员的执业制度，充分发挥注册安全工程师等安全生产执业人员的作用。例如，"十二五"期间，全国注册安全工程师队伍规模将达到 10 万人以上。中介组织对安全工程专业人才的吸纳，必将产生一个较大规模的持续需求。

根据《中华人民共和国安全生产法》（2014）第二十四条的规定，危险物品的生产、储存单位以及矿山、金属冶炼单位应当由注册安全工程师从事安全生产管理工作，鼓励其他生产经营单位聘用注册安全工程师从事安全生产管理工作。

4. 政府部门、科研及大专院校的安全专业人员的需求

目前，不能仅靠企业自律搞好安全生产工作，还需要政府部门介入，对企业安全生产工作进行监察和监管。因此需要大量代表政府进行安全生产监督、监管，且熟悉和掌握安全生产领域法律、法规和技术规范的专业人员。

我国一套完整的学士、硕士、博士三级学位教育及博士后研究的教育体系正在迅速发展中，需要补充一批高层次的安全科学与技术专业人才。

5. 我国安全岗位从业人员的学历和职称结构转变的需求

根据安全工程学科教学指导委员会对安全工程专业人才社会需求状况的调查，目前安全岗位从业人员整体学历水平仍然较低。特别是在现有安全岗位从业人员中，属于安全工程专业毕业的"安全工程科班出身"人员所占比例更是微乎其微。在职称结构方面，高级职称和中级职称者约占 20%，而初级职称及无职称者约占 80%。这反映出安全工程专业高等教育相对于社会需求呈现明显的滞后状态，具有较大的缺口。

通过上述分析可知，对安全工程专业人才的需求具有多类型、多层次、多领域的特点，人才客观需求量庞大，但由于来自历史上的、政策上的、观念等方面的一系列原因，上述庞大的客观社会需求量一定程度上还处在潜在需求状态，正处在向市场需求转化的过程中。从近几年安全工程专业本科毕业生就业情况的变化来看，市场需求已经日趋好转。

在社会对安全专业人才需求的作用下，将会对安全工程专业高等教育的人才培养数量、层次、知识结构、能力结构等各个方面产生重要的导向作用，由此对安全工程专业高等教育的发展起到引导和强有力的推动作用。社会对安全专业人才的庞大市场需求量为安全工程专业高等教育提供了广阔的持续发展空间。

由于世界各国的经济发展水平不同，需要面对的突出安全问题不同，社会对安全类专业的人才需求不同，因此安全类专业的就业方向也有所不同。就业方向没有好坏之分，只要是能为社会解决安全问题，就是安全类专业的培养目标的实现。

安全问题是全社会关注的焦点之一，也与其他专业人才，特别是技术、管理等专业人才传统的解决安全问题的模式难以满足科学技术迅猛发展的需要紧密相关，因而各个领域对安全专业人才的需求就成为必然。在这个前提下，安全工程专业仅仅关注工业生产领域的安全问题当然是作茧自缚，何况如此做法既不能从根本上缓解我国严峻的安全现状，也不能找到一个在更高的层次上解决安全生产中相关问题的最佳方案，因而广泛地关注安全问题，寻求综合解决方案才能达到事半功倍的效果。

思考题

1. 试用自己的理解阐述安全工程专业的历史沿革。
2. 通过学习本章内容，你对美国和英国等发达国家的安全专业有什么了解？
3. 我国安全工程专业有什么特点？指出其中的不足之处。
4. 安全学科人才培养的目标是什么？
5. 安全工程专业研究生人才培养包括哪些内容？

作业与研讨

研究我国安全工程专业人才培养的趋势及存在的问题。

第六章　安全学科课程体系及内容概论

本章目标

理解、掌握我国安全学科课程体系的培养目标和规格、课程教育内容和知识体系，了解国外大学安全工程专业课程内容。

由于本科教育是安全工程专业的基础教育，因此本章以安全工程专业本科层次的人才培养方案为例来介绍课程设置框架，且以《安全工程专业的本科专业规范》（以下简称《规范》）为根据来介绍。该规范并未正式出版，但却是安全专业教育界多位学者的研究成果，经多位专家数易其稿完成的，有很好的代表性。该规范编制时已经开始了"工程教育认证"，课程设置可以符合专业认证要求。要论述课程设置，必须首先对安全工程专业的专业教育发展方向、安全工程专业的主干学科、安全专业的培养目标等有所认识。

第一节　安全学科课程体系简介

一、关于课程和课程体系

关于课程的概念，迄今为止没有统一的说法。从广义上说，课程是指一切有规定数量和内容的工作或者学习进程；从狭义上说，课程则专指学校课程，包括学校所教的各门学科和有目的、有计划的教育活动。本书中的课程是指狭义的课程概念，指学科课程。

一个专业所设置的课程相互间的分工与配合，构成课程体系。课程体系是一个担负特定功能、具有特定结构、开放性的知识组合系统。课程体系是否合理直接关系到培养人才的质量。

课程设置是一个专业培养方案的主要内容。而要形成一个专业或一门科学的课程教学方案，必须明确这个专业或这门科学的研究对象、研究内容和研究目的。课程设置方案的目标是针对该专业的研究对象，使毕业生掌握其研究内容，实现其研究目的。

课程设置的内容是否丰富、设计是否合理、实施是否正确直接关系到专业人才培养的效果，安全专业的人才应该达到什么样的要求，这些都与课程设置有关。作为人才培养的重要环节，课程设置的目标应该服务于培养人才的总目标。随着科学技术的发展，安全科学的专门化知识也随着科技的进步和其他学科的兴起而发生着变化，因此高校培养的安全工程专业人才，不仅要具备相当的本专业知识，更重要的是具备广阔的视野和解决复杂问题的能力。

由于安全学科是一门交叉性、横断性学科，因此它既不属于自然科学，也不属于社会科学，而是跨越多学科的应用学科，在课程设置上也涉及工学、理学、管理学以及医学和心理学。但课程设置的比例，不同的国家、不同的学校差别却很大。

我国设置安全工程专业的学校具有很强的行业背景，近四分之一的行业背景是传统的矿业工程，还有石油化工、建筑、航空、火灾、核反应、军工等各个行业。这从一方面验证了安全工程专业的综合交叉属性，另一方面说明各个学校根据自己的特色对安全工程专业进行准确定位，形成了自己的专业特色，从而在课程设置上形成了很大的差异。

随着"大安全"在安全界的广泛推崇，我国安全学科专业课程本着"大安全"的思想，设置广泛的（或者有侧重的）工程背景课、工程安全课，设置少量安全科学方法论课程，设置少量（或不设置）医学、心理学课程，旨在使学生掌握各种工程技术及相应的安全技术和少量安全科学通用知识，以便主要用工程技术，次要用管理手段解决安全问题。

高等学校课程体系主要反映在基础课与专业课、理论课与实践课、必修课与选修课之间的比例关系上，课程体系结构的组织不仅要使所包含的通识教育、专业教育、综合教育等形成相互联系的统一整体，而且还必须正确地反映培养目标和专业规格，适应社会经济发展的需求，这是课程体系内部各门专业课程及课程群之间的相关联系，称为课程体系的内部结构；同时课程体系还要反映科学技术发展的现状与趋势，符合学制及学时限制，如图6—1所示。这是课程体系形成的环境及制订功能，功能要靠结构优化来实现。

二、关于安全工程专业的主干学科

在教育部的文件和学者撰写的研究论文中，均未发现主干学科的严格定义。根

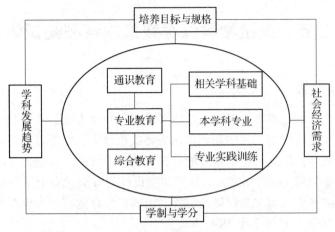

图 6—1 课程体系

据文献，"学科"是知识的分类，"专业"是社会职业分工的结果。所以安全工程专业要学习的主要知识就应该是该专业的主干学科，主要知识可以根据学科研究对象、研究目的导出的研究内容来确定。而且关于主干学科，教育部的参考格式没有指明描述至哪一级学科，也没有规定主干学科的名字是否必须在学科分类或目录表上出现。所以根据作者对学科、专业的理解，对主干学科基本含义的理解，在《规范》中将安全科学原理、安全管理学、安全工程学列为安全工程专业的主干学科。安全学原理的研究内容是明确的，主要研究安全事故发生的自然科学、社会科学机制以及统计规律，是对事故这种客观现象的认识，为运用工程技术手段和管理科学手段预防事故打基础。安全工程学包含预防各行各业内各类事故的工程技术手段，如安全人机工程、安全系统工程、各行业的安全工程等。根据管理的定义（狭义），安全管理学就是在组织和个人两个层面上协调人的行为的科学（如组织层面的安全文化、安全管理体系，个人层面上的习惯性行为和一次性行为）。所以，主干学科中的后两者各自又包含不少内容，较为综合。学生掌握了安全科学原理中的事故发生的机理和规律以后，学习安全管理，解决人的不安全动作；学习安全工程，解决物的不安全状态。学生掌握了这样的主要知识（主干学科）以后，就可以从事安全工程专业的主要业务。因此，把这几门学问称作安全工程的主干学科。过去曾经把力学等作为安全工程的主干学科，显然是不合适的。一方面，力学和电学、热学等都处于平等地位，只把力学作为主干学科不合适；另一方面，一些行业的安全不需要很多力学知识（物理学中的力学知识已足够）。可见专门的力学课程或者学科并不是安全工程专业绝对必要的知识，所以也不能够作为安全工程学科的主干学科。

第二节　安全学科课程教育内容和知识体系

一、总体框架

根据高等院校理工科本科专业人才培养模式，专业人才的培养要体现知识、能力、素质协调发展的原则。其中知识体系需要适当设计，以便以其为载体来进行能力培养和素质教育。据此，特别重要的是知识体系的设计。根据教育部《高等学校理工科本科专业规范（参考格式）》，按照顶层设计的方法，安全工程专业和所有理工科本科专业的教育内容和知识体系一样，由通识教育内容、专业教育内容和综合教育内容三大部分及 15 个知识体系构成。

通识教育、综合教育部分的知识体系在各个理工科专业之间差别不大，所以知识体系设计的重点显然是专业教育部分的知识体系、知识领域和知识单元。通识教育内容包括人文社会科学、自然科学、经济管理、外语、计算机信息技术、体育、实践训练等知识体系。专业教育内容包括相关学科基础、本学科专业、专业实践训练等知识体系。综合教育内容包括思想教育、学术与科技活动、文艺活动、体育活动、自选活动等知识体系。

安全学科课程教育内容及知识体系的总体框架如图 6—2 所示。

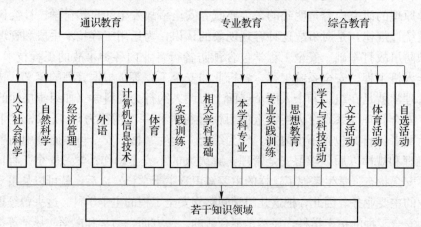

图 6—2　安全学科课程教育内容和知识体系总体框架

二、知识结构体系

设计安全工程专业的专业教育内容的各个知识体系的知识领域、知识单元以及知识点时，必须要有理论根据。《规范》中的四个理论根据是：

第一，安全学科以事故为研究对象。

第二，安全学科的研究目的是"预防事故"。由于控制事故发生后的损失，也即"应急救援"，也具有预防的含义，因此"预防事故"也可以包含"应急救援"。

第三，安全学科的研究内容是事故的发生原因和预防手段。

第四，事故发生的直接原因是人的不安全动作和物的不安全状态。

根据以上四点，安全专业的专业教育知识体系，其中的知识领域和知识点，是围绕预防事故这个中心目的、解决事故两个方面的直接原因的技术、方法、策略，或者它们的相关知识、基础知识。具体的详细设计如图6—3所示。

《高等学校理工科本科专业规范（参考格式）》要求，知识体系需要细分为知识

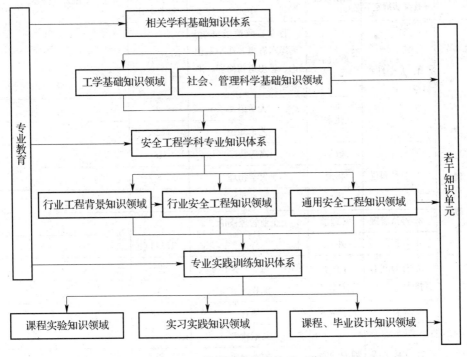

图6—3　安全专业知识体系一览

领域、知识单元和知识点。图 6—3 具体描述了专业教育的三个知识体系所包含的知识领域的具体内容，也描述了三个知识体系之间的先修关系。这些知识体系、知识领域和单元完全包含了事故预防所需要的两个方面的知识（解决人的不安全动作和物的不安全状态的方法、策略和相关知识基础）。具体的知识单元的描述，详见表 6—1，将表中的每一个知识单元分别作为一门课程，则根据表可以很方便地生成课程体系。知识单元和课程可以不一一对应，可以根据表 6—1 的知识点概要中的提示，将一些知识点合并在相关课程当中。

三、课程体系构建

各高等院校可以根据对可选知识单元的选择来形成自己学校的办学特色和专业定位，见表 6—1。

表 6—1　　　　　　　　　　　　安全学科课程构成

部分	知识体系（教育部规定）	知识领域	单元（与课程对应）		知识点概要
			单元	参考学分	
通识教育	1. 人文社会科学	政治学	哲学、政治经济学、毛泽东思想、邓小平理论、思想道德修养、形势与政策等	7~10	
		文化素质	大学语文	2	
			艺术知识	2	
	2. 自然科学	数学	高等数学	15	
		物理	大学物理	6	
		化学	大学化学	6	
	3. 经济管理	管理学	企业管理概论	2	
	4. 外语	外语	外语	13~14	
	5. 计算机信息技术	计算机信息技术	结构、组成、操作系统	2	
			编程语言	2~3	
	6. 体育	体育	体育	3~4	
	7. 实践训练	实践训练	文献检索	1	
			军事训练	1	
			生产劳动	1	

续表

部分	知识体系 （教育部规定）	知识领域	单元（与课程对应）		知识点概要
			单元	参考学分	
专业教育	1. 相关学科基础	工程学科基础知识	工程数学	6	选择线性代数、概率论或者计算方法
			工程力学	3～4	理论力学、材料力学
			工程流体力学	2～3	
			工程热力学	2～3	
			工程制图	2～3	
			机械工程基础	2～3	
			电工与电子技术	3～4	
			其他工程基础课	4～6	
	2. 本学科专业	工程背景知识领域	工程背景单元	5～10	为学习行业安全工程课程而必须具有的该行业工程背景课，根据本校办学特色、主要就业领域确定设置
		专业基础知识领域 （六选三）	安全学原理	2	事故发生的社会、自然科学机制及事故发生、发展规律，事故致因理论
			安全系统工程	2	主要研究产品、产品系统或生产系统中物的不安全因素及解决策略
			安全人机工程学	2	以安全为目的的人机界面问题
			安全管理学	2	管理体系、安全文化、组织结构、安全行为
			安全法学	2	安全法律、法规、标准体系
			安全心理学		安全心理

续表

部分	知识体系 (教育部规定)	知识领域	单元（与课程对应）		知识点概要
			单元	参考学分	
专业教育	2. 本学科专业	通用安全技术 (七选四)	安全检测与监控	2	安全检测技术与方法
			电气安全	2	电气安全
			火灾爆炸	2	火灾爆炸
			锅炉压力容器安全	2	锅炉压力容器安全
			机械安全	2	含起重
			通风工程	2~3	
			职业卫生		
		专门安全技术(可选)	行业安全工程	5~10	适用于某个特定行业的安全工程技术
	3. 专业实践训练	课程实验知识领域	各种专业及专业基础课程实验	10~20	共性专业知识领域、行业安全工程领域都需要实验
		实习、实践知识领域	金工实习、认识、生产、毕业、实习等	30	金工实习、安全认识实习、工程训练、生产实习、毕业实习、专业课程实践训练等
		课程、毕业设计知识领域	课程设计、毕业设计等	30	课程设计、毕业设计
综合教育	1. 思想教育			不限定	
	2. 学术与科技活动				
	3. 文艺活动				
	4. 体育活动				
	5. 自选活动				

注：1. 本表中，安全和安全健康的含义相同，所以安全工程实际包含职业健康的内容。总学分为180~200，其中通识教育和专业教育各为90~100学分，综合教育不作限定。2. 工程背景知识领域、行业安全工程知识领域的知识单元没有给出具体名称，各个学校可以根据自己学生的就业定位具体选择，但是所选的知识单元应至少比较完整地涵盖一个行业，以使学生具有较为坚实的工程基础，利于就业。3. 表中的安全学原理、安全人机工程、安全系统工程、安全管理学、安全经济学、安全法学、安全行为学知识单元是安全专业的共性知识单元。

在这个知识体系中分为三个知识领域，分别是实验、实践、设计（研究）三部分。其中实验部分完全依赖于相关学科基础、学科专业各知识领域内知识单元的内容。

各个人才培养单位可以根据对可选知识单元的选择来形成自己的办学特色和专业定位。偏重管理型的安全工程专业，可以在相关学科基础知识体系下的"社会科学基础"知识领域内，多选"其他社会、经济、管理基础"知识单元。偏重工程型的安全工程专业，可以在相关学科基础知识体系、该学科专业知识体系等多个知识领域内选择适合自己行业特色的知识单元，构成专业特色。

为提高学生的实践能力和创新精神，理工科专业必须加强实践性环节的教学，采用顶层设计的方法，总体构建实践性环节教学体系，着重培养以下能力：实验技能、工艺操作能力、工程设计能力、科学研究能力、社会实践能力等。实践教学包括独立设置的实验课程、课程设计、教学实习、社会实践、科技训练、综合论文训练等多种形式。

安全工程专业课程体系的规划与建设决定着安全工程专业人才的培养质量和就业方向。安全工程专业教学培养计划是本专业课程体系规划与建设的直接体现，它决定着培养出的安全工程专业人才的知识结构和技能水平。安全工程专业教学培养计划的制定必须考虑社会对本专业人才的需求状况和基本需求。

四、课程设置情况

从开设安全工程专业高校的课程设置来看，据不完全统计，目前在各高校的安全工程专业本科培养计划中开设的专业基础课和专业课见表6—2。

表6—2　　安全工程专业部分院校的专业基础课和专业课设置表

序号	专业基础课			序号	专业课			开设学校总个数	开设学校的百分比（%）
	课程名称	开设学校个数	学分		课程名称	开设学校个数	学分		
1	安全人机工程学	7	2	1	安全人机工程学	5	2	12	92.31
2	安全系统工程学	7	2	2	安全系统工程学	1	2	8	61.54

序号	专业基础课			序号	专业课			开设学校总个数	开设学校的百分比（%）
	课程名称	开设学校个数	学分		课程名称	开设学校个数	学分		
3	安全法律法规	3	2	3	安全法律法规	3	2	6	46.15
4	安全管理学	5	2	4	安全管理学	1	2	6	46.15
5	电气安全	1	2	5	电气安全技术	5	2	6	46.15
6	安全学原理	4	2	6	安全学原理	1	3	5	38.46
7	安全检测技术	1	2	7	安全检测技术	3	2	4	30.77
8	安全经济学	2	2	8	安全经济学	2	2	4	30.77
9	安全工程学	2	2	9	安全工程概论	2	2	4	30.77
10	化工安全工程	1	2	10	化工安全	3	2	4	30.77
11	安全心理学	1	2	11	安全心理学	2	2	3	23.08
12	职业卫生学	1	2	12	职业卫生	2	2	3	23.08
13	防火防爆技术	1	2	13	防火与防爆技术	2	2.5	3	23.08
14	职业安全与卫生管理	1	2	14	职业安全卫生管理体系	1	2	2	15.38
15	清洁生产概论	1	2	15	清洁生产	1	2	2	15.38
16	安全控制原理与测试技术	1	3	16	安全管理信息系统	1	2		
17	安全监测与监控	2	3	17	安全监测监控原理及应用	2	3		
18	安全评价与预警	1	2	18	安全评价	4	2		

续表

序号	专业基础课			序号	专业课			开设学校总个数	开设学校的百分比（%）
	课程名称	开设学校个数	学分		课程名称	开设学校个数	学分		
19	安全设备工程学	1	2	19	安全工程应用软件	1	2		
20	安全系统工程与安全评价	1	2	20	安全管理与法规	1	2		
21	安全行为学	1	2	21	安全行为心理学	1	2		
22	安全工程化学基础	1	2	22	安全教育学	1	2		
23	安全管理与事故预防	1	3	23	安全系统工程与系统管理	1	3		
24	安全信息工程	1	2	24	安全生产法规与标准	1	1		
25	安全控制与管理	1	2	25	安全生产监督管理	1	2		
26	流体力学及在安全工程中的应用	1	3	26	安全学科发展动态	1	1		
27	燃烧学	2	3	27	安全工程管理案例分析	1	2		
28	分析与监测	1	2	28	安全工程监理	1	2		
29	气体分析	1	2	29	安全工程项目管理	1	3		
30	组织行为学	1	2	30	职业卫生及工程	1	2		
31	工程热力学与传热学	6	3	31	工业卫生	3	2		

序号	专业基础课			序号	专业课			开设学校总个数	开设学校的百分比（%）
	课程名称	开设学校个数	学分		课程名称	开设学校个数	学分		
32	流体力学	5	3	32	工业安全卫生	1	2		
33	工程流体力学	2	3	33	工业除尘	1	2		
34	事故调查分析	1	1	34	工业防毒技术	1	3		
35	风险评价	1	2	35	工业防火防爆	1	2		
36	工程热力学	1	3	36	工业技术经济	1	2		
37	工业通风与空调	1	3	37	城市生态学	1	3		
38	化工环境工程概论	1	2	38	工业生态学	1	2		
39	化工计算机辅助计算	1	3	39	工业安全技术通论	2	3		
40	化工原理	1	3	40	卫生工程	1	2		
41	环境工程概论	1	2	41	爆破安全技术	2	2		
42	环境工程概论（英）	1	3	42	建筑安全工程	3	2		
43	环境与安全工程导论	1	3	43	建筑概论	1	2		
44	火灾科学基础	1	2	44	建筑结构基础	1	2		
45	计算机在安全工程中的应用	1	3	45	建筑施工安全技术	1	3		

续表

序号	专业基础课			序号	专业课			开设学校总个数	开设学校的百分比（%）
	课程名称	开设学校个数	学分		课程名称	开设学校个数	学分		
46	可靠性分析	1	3	46	建筑施工与安全	1	2		
47	可靠性设计	1	2	47	锅炉压力容器安全	3	2		
48	燃烧学基础	1	3	48	压力容器安全技术	1	2		
49	燃烧与爆炸	1	3	49	机械安全工程	1	3		
50	钢结构设计基础	1	2	50	机械及电气安全	1	3		
51	工程CAD	1	2	51	机械起重安全技术	1	3		
52	工程材料及金属工艺学	1	4	52	机械安全技术	2	2		
53	金属材料及热处理	1	3	53	特种设备安全技术	1	2		
54	流体力学与传热	1	3	54	特种作业和特种机械安全	1	3		
55	模拟电子技术基础	1	4	55	燃烧学	1	2		
56	矿业工程数据库技术	1	2	56	爆破工程	1	2		
57	生态学	1	2	57	爆炸与冲击	1	3		
58	生物化学工程概论	1	2	58	化工安全设计	1	2		
59	系统工程概论	1	2	59	化工腐蚀与防护	1	2		

序号	专业基础课			序号	专业课			开设学校总个数	开设学校的百分比（%）
	课程名称	开设学校个数	学分		课程名称	开设学校个数	学分		
60	信息系统概论	1	2	60	化工装备事故分析与预防	1	2		
61	毒理学	1	2	61	采矿通论	1	4		
62	测试技术	1	2	62	矿山安全工程	1	2		
63	地下结构可靠性	1	2	63	矿山安全技术	1	3		
64	管理学原理	1	2	64	矿山通风	2	2		
65	统计学基础	1	3	65	矿山通风与安全	1	2		
66	概率论与数理统计	1	3	66	通风工程学	1	3		
67	保险学概论	1	2	67	通风空调与净化	1	3		
68	地学基础	1	3	68	通风与空调	1	3		
69	分析化学与物理化学	1	4	69	通风与空调工程	1	3		
70	分析化学	1	2	70	通风与空气调节技术	1	1		
71	投资管理	1	2	71	空气调节	1	1		
				72	工程安全监测	1	2		
				73	工程地质学	1	2		
				74	工程管理（双语）	1	2		
				75	人机工程学	1	2		

序号	专业基础课			序号	专业课			开设学校总个数	开设学校的百分比（％）
	课程名称	开设学校个数	学分		课程名称	开设学校个数	学分		
				76	石油安全工程	1	2		
				77	石油工程概论	1	3		
				78	事故调查分析	1	2		
				79	事故调查与处理	1	2		
				80	损失控制与保险	1	2		
				81	危险化学品安全技术	1	2		
				82	危险化学品安全监管	1	2		
				83	微机在安全中应用	1	3		
				84	灾害防治理论与技术	1	3		
				85	噪声污染控制	1	2		
				86	交通安全	1	3		
				87	可靠性与安全生产	1	2		
				88	消防工程	4	2		
				89	环境与可持续发展	1	2		
				90	火灾监测与控制	1	2		

专业基础课			序号	专业课			开设学校总个数	开设学校的百分比（%）
课程名称	开设学校个数	学分		课程名称	开设学校个数	学分		
			91	火灾探测与控制工程	2	2		
			92	传热学	1	2		
			93	断裂与失效分析	1	2		
			94	风险评价技术	1	2		
			95	辐射防护技术	1	1		
			96	个体防护	1	2		
			97	地质基础与采矿工程	1	3		
			98	水利工程安全	1	2		
			99	水文学	1	2		
			100	岩土工程安全	2	3		
			101	土壤污染清洁技术	1	3		
			102	急救技术	1	1		
			103	绿色化学	1	3		
			104	论文写作与科研专题	1	2		
			105	模糊数学及应用	1	1		
			106	保险学原理	1	2		

续表

序号	专业基础课			序号	专业课			开设学校总个数	开设学校的百分比（%）
	课程名称	开设学校个数	学分		课程名称	开设学校个数	学分		
				107	保险与工程学	1	2		
				108	废水计量学	1	2		
				109	网络及信息技术	1	2		
				110	网络资源与信息检索	1	2		

注：以上数据来自全国安全工程学科教学指导委员会《安全工程学科专业发展战略研究报告》（安全生产科技发展计划项目05－382）所调研的13所高校的培养计划。

　　重点对按开设学校的百分比降序排序的前15门专业基础课程和专业课程进行分析，可以看出：

　　1. 开设比例在50%以上的课程有两门，分别是安全人机工程学（92.31%）和安全系统工程学（61.54%）。可以看出，在这两门课程的设置上具有较好的共识。

　　2. 从课程体系的设置来看，开办安全工程专业的高校各具特点。各高校共性核心的内容偏少，不够集中。

　　3. 安全工程专业的专业基础课和专业课在各个开设学校的划分比较混乱，例如安全人机工程学有7所学校作为专业基础课设置，有5所学校将其作为专业课设置。

　　4. 虽然被调查高校总体设置的课程达170多种，但仍有一些学者提出的诸如"安全伦理学"等课程尚未开设。对于安全工程专业学生进行类似"安全伦理"教育的必要性并没有得到实践认可，因此类似"安全伦理学"没有得到各高校共识的安全工程专业课程，其开设的前提条件是进一步丰富和完善课程内容体系，而非单纯的理论构想。

　　5. 从课程设置看，反映出了各个学校不同的培养模式，比如中国矿业大学（北京）的培养方式是"有行业特点型的安全工程人才"的培养模式，首都经济贸易大学的培养模式是"通用型的安全工程人才"的培养模式。

第三节 国外大学安全工程专业课程内容简介

一、美国大学安全工程课程设置

美国大学职业安全专业课程设置，主要是依据职业安全人员的作用和地位，以及作为职业安全人员所必需的基本知识和技能进行的。

通过对美国一些开设安全工程相关专业的学校进行调查得出美国安全工程专业设置的基本课程如下：

学士学位（Bachelor's Degree）需完成的基本课程主要包括：

（1）数学（微积分、统计学）

（2）计算机科学（信息处理）

（3）物理学

（4）有机化学

（5）生命科学（人体解剖、生理学或生物学）

（6）行为社会科学和人类学

（7）管理和组织科学

（8）信息交流和语言艺术

（9）基础技术和工业过程

（10）组织行为学

（11）生物心理学

"专业核心课程的作用是培养安全领域需要的基本知识和基本技能"，主要有以下课程：

（1）安全与健康项目管理

（2）工程危险因素控制设计

（3）工业卫生和毒理学

（4）防火（或消防）

（5）人机工程学

（6）环境安全与健康

（7）系统安全和其他分析方法

（8）安全风险与管理

（9）安全数据管理

（10）安全行政管理

（11）工业卫生

（12）通风工程

（13）系统安全

（14）实习或合作课程，校外工作场所危险因素控制实习课程

"必修职业课程是重要的内容，比通常的课程内容少"，主要有以下课程：

（1）安全评估

（2）事故调查

（3）安全行为

（4）产品安全

（5）建筑安全

（6）安全教育和培训方法

（7）安全法律法规

除了以上罗列的课程，还包括一些安全领域的选修课程，范围从特殊工业行业（如石油和天然气工业安全），到特别普通的安全概念（如公共安全政策、安全仿真和安全模型）。

二、美国大学安全相关专业课程设置举例

1. 莫瑞州立大学职业安全与健康学士课程

（1）申请入学的本科职业安全和健康课程计划

学生可以在任何时候选择职业安全与健康（OSH）课程作为他们的首选。但是，学生必须被正式录取到职业安全与卫生计划，才可以在限选的职业安全与健康课程报名。从 2014 年秋季学年开始，职业安全和卫生署把 OSH 本科课程分为两类：限选和非限选。

限选课程仅限于申请并考取 2014—2015 年的职业安全与健康计划学术课程的学生。选择限选的职业安全与健康课程时，学生必须在课程计划网上完成"入学的本科职业安全和健康项目申请表"。非限选的课程并不需要申请。

入读前，职业安全与卫生的学生可报读指定为"非限选"的职业安全与健康课程。

（2）职业安全与健康入学要求

申请正式加入到职业安全与健康计划，学生必须：

1）完成至少 30 学分的课程，最低 GPA（Grade Point Average）为 2.50 时可

直接申请职业安全与健康学位。

2）所有的职业安全与健康课程不低于 C。即所有的职业安全与卫生等级是 A、B、C 和通过；不能接受的等级包括 D、E、I、AU、W 和失败。

3）提交一份完整的网上入学申请。

4）通过职业安全与健康项目本科委员会的审查。

GPA 全称是 Grade Point Average，意思是平均成绩点数（平均分数、平均绩点），美国普通课程的 GPA 满分是 4 分，即 A＝4，B＝3，C＝2，D＝1。而一些高级课程，如荣誉课程、AP 课程等，单科 GPA 满分可达 5 分，甚至 6 分。GPA 的计算一般是将每门课程的绩点乘以学分，加起来以后除以总的学分，得出平均分。

（3）职业安全与健康计划的学位要求

所有职业安全与健康专业学生的课程成绩必须取得 C 或 C 以上，低于 C 的将重修。一个学生选取课程最多有两次机会。如果学生由于生活变故而不是由于课堂的不良表现而被迫休学，那么这种情况下可以例外。如果学生第二次重修的 OSH 课程成绩低于 C，那么该学生将从 OSH 项目中退出，不能再继续申请。学生必须保证累计平均成绩不低于 2.5 才能毕业。

2. 东南俄克拉荷马州立大学职业安全与健康学士、硕士课程

（1）职业安全与健康学士

1）主修（40 学时）。通用化学Ⅰ或者基础化学Ⅰ、通用化学Ⅱ或者基础化学Ⅱ、微积分的简单应用、通用物理Ⅰ、职业安全与健康简介、消防科学简介、声学、振动及噪声控制、危险控制的系统方法、安全培训和教学技术、安全计划管理、工业卫生、安全工程和人因工程基础、安全和职业健康法规、有害物质和废弃物管理、统计方法。

2）从以下课程中选一门（2 学时）。商业法律和道德、通用化学Ⅰ或者基础化学Ⅰ、管理与组织行为、人力资源管理、组织行为学、户外安全、通用安全、施工安全、实习、专题研究、统计方法、计算机与图形学简介与应用。

3）指定的通识教育要求。大学代数或者科学代数。

4）辅修（22 学时）。职业健康与安全、消防科学简介、安全计划管理、工业卫生、安全工程和人因工程基础。

（2）职业安全与健康硕士

1）必修课（32 学时）。高级安全技术、危机防范和职业安全、法律责任和员工补偿、职业安全统计、施工安全Ⅱ、工业卫生Ⅱ、毒理学、先进的人体工程学、危险品Ⅱ、室内空气质量。

2）选修课（3 学时）。安全管理理念、食品安全与卫生、职业安全现行文献、职业安全实践、职业安全研究（理论追踪）。

3）入学要求。首先，要求入学者必须满足研究生院的入学要求。其次，理学硕士入学要求：

①申请人必须完成大学代数或更高水平的数学课。

②申请人必须完成职业安全与健康相关领域的学士学位或者必须完成学士学位和额外的课程，如职业安全与健康简介、火灾科学简介、施工安全、工业卫生、人体工程学、危险品或者与它们等同的课程。

③申请人本科阶段的平均分数（GPA）不低于 2.75，其中，所有职业安全与健康课程的平均分（GPA）不低于 3.0。

④申请人必须完成一篇 800 字左右的文章，描述自己对于职业安全与健康行业的预期贡献。

⑤如果申请人的本科职业安全学位不包括施工安全或者申请人完成了至少 60 学时的相关本科课程且不低于 3.0，那么，申请人可获得有条件录取。此外，如果申请人有职业安全领域的工作经验（至少五年），或申请人持美国注册安全师（CSP）或美国注册工业卫生师（CIH）证书，那么系主任有权保留录取资格。在这种情况下，申请人可能被录取到理学硕士计划中的没有完成职业安全要求的本科课程那类。但是，申请人仍然必须持有认可的大专或大学学士学位。

3. 加州州立大学洛杉矶分校消防管理及其技术学士课程

消防管理及其技术学士学位为满足各种消防业务的需求而设计。最低需要 180 学分，这其中包括在社区大学中需要学习的内容。主修课程需要 100～108 学分。下面括号中的数字代表学分数。

（1）社区大学准备要求

1）大学课程（23 个学分）中至少 15 个学分是必需的，有：建筑施工防火（3）、消防公司组织与管理（3）、火灾行为和控制（3）、消防设备和系统（3）、防火基础（3）。

2）社区大学课程（共 9 个学分）中最多 6 个学分可作为低级别选修课。从下面的选择：消防设备和仪器（3）、消防水力学（3）、火警调查Ⅰ（3）、消防通信系统（3）、消防记录和报告（3）、危险材料Ⅰ和Ⅱ（3）、相关法令法规（3）、救援实践（3）、荒地火灾控制（3）。

（2）主要专业课程（100～108 个学分）要求

1）必修课程（52 个学分）：商业交流（4）、州政府和地方政府（4）、政治社会学（4）、公共行政基础（4）、公共部门人力资源管理（4）、公共财政学（4）、消防和社区（4）、防火规划 A（4）、防火规划 B（4）、建筑设计防火 A（4）、建筑设计防火 B（4）、消防管理（4）、防火管理（4）。

2）选修课程（16～34 个学分）

①从以下课程中选 8～10 个学分：工程经济学（4）、政治学定量方法（5）、初级统计学（4）、城市动态管理（4）、组织与管理（4）。

②从以下课程中选 12 个学分：城市政府与政治（4）、社会学原理（4）、社会与个人发展（4）、小团体（4）、消防法（4）。

③从下面课程中选 0～12 个学分：防火和建筑规范：解释和执行（4）、消防系统设计 A（4）、消防系统设计 B（4）。

三、英国大学安全工程课程设置

通过对阿伯丁大学（Aberdeen University）、利兹大学（University of Leeds）、兰卡斯特大学（Lancaster University）、阿尔斯特大学（University of Ulster）、爱丁堡大学（The University of Edinburgh）等开设安全工程相关专业的学校进行调查得出英国安全工程专业设置的基本课程如下。

通用性课程：

1. 安全工程法规（Regulation/Legislations for Safety Engineering）

2. 安全人因工程（Human Factors in Safety）

3. 战略安全管理（Strategic Safety Management）

4. 风险管理（Risk Management）/可靠性管理（Reliability Management）

5. 工业安全管理（人因素控制）［Safety Engineering Management（Human Factor Control）］

6. 工程研究方法（Engineering Research Methods）

7. 统计学的过程控制［Statistical process control（SPC）］

8. 安全关键系统设计（The Design of Safety Critical Systems）

专业性课程：

1. 核安全工程系统（Nuclear Safety Engineering Systems）

2. 航空航天安全工程系统（Aerospace Safety Engineering Systems）

3. 消防和救援服务管理（Fire and Rescue Service Management）

4. 消防安全工程（Fire Safety Engineering）

5. 火灾现场调查（Fire Scene Investigation）

6. 核安全环境学（Nuclear Safety Environment）

7. 航空航天安全环境学（Aerospace Safety Environment）

8. 结构及消防安全工程（Structural & Fire Safety Engineering）

9. 化工工程安全保护（Chemical Industry Safety Engineering）

10. 工业防火安全工程（Industry Fire Safety Engineering）

11. 海上作业安全防护（Offshore Operation Safety and Protection）

12. 环境工程/工作环境改造学（Environment Engineering / Ergonomic Engineering）

13. 铁路行业风险管理（Risk Management in the Rail Industry）

四、日本大学安全工程课程设置

1. 专业教育

日本大学安全工程课程设置以横滨国立大学为例，其主要课程有化学安全工程、能量安全工程、材料安全工程、环境安全工程、压力容器材料及能量转换化学等。本科生从大学一年级开始到二年级上学期为止，不分专业方向，都学习基础科目；到了二年级下学期，开始分不同的方向，学习不同的课程，直到三年级结束；四年级在导师指导下，用一年的时间进行本专业方向相关课题的研究，完成学位论文。

日本的学术团体、企业协会对安全工程人才的培养十分重视，如日本安全工程学会、日本学术会议安全工程研究联络委员会、日本机械工业联合会、三菱综合研究所等，都对安全工程教育、学科建设乃至安全专业人才培养等问题做过专题研讨。

根据日本机械工业联合会委托三菱综合研究所于2005年实施的"安全工程人才培养计划"研究报告，该研究所通过国内外调研，提出了硕士研究生层次的安全学人才培养课程体系，其草案见表6—3。

表6—3　　　硕士研究生层次的安全学人才培养课程体系草案

	名称	代号	概要、关键词
基础科目	安全学基础	1—1	安全学概论（安全、风险的定义）
		1—2	安全学概论（社会中的安全）
	安全工程基础	2—1	风险评价
		2—2	安全设计
		2—3	系统安全（系统设计）

续表

	名称	代号	概要、关键词
基础科目	组织安全	3—1	企业风险评价
		3—2	风险管理
		3—3	技术人员教育、技术人员伦理
	法律、规范、制度	4—1	国内外的法律、制度
		4—2	工业标准、国际标准的动向
		4—3	制造责任
应用科目	现代社会与安全	5—1	技术管理论
		5—2	信息安全管理论
		5—3	都市风险管理
		5—4	环境管理
	人机工程	6—1	人的行为和能力
		6—2	人的中心设计（导则、ISO13407）
		6—3	人、机械、系统
	各领域安全技术	7—1	化学物质综合管理的国际动向
		7—2	化学物质的危险
		7—3	先端技术的风险
实验	安全管理实践	8—1	风险规避实践（制造现场实践）
		8—2	教育、训练实践
	实验	9—1	系统安全实物实验
		9—2	企业风险管理实验

2. 非专业教育

日本大学的安全工程课程一般多设在物质工程、环境资源工程、应用化学工程等类专业。日本几所大学安全工程非专业教育课程情况见表6—4。

表 6—4　　　　　　　日本几所大学安全工程非专业教育课程情况表

学校名称	部、学科	课程名称	课程类别	学分
早稻田大学	理工学部环境资源工学科	环境安全工程概论	专业必修课	2
东京工业大学	工学部化学工学科	过程安全工程 (Safety Engineering For the Process Plant)	专业选修课	2
横滨国立大学	工学部	安全工程概论 (Introduction of Safety Engineering)	专业选修课	—
名古屋大学	大学院 材料理工学科	环境能量安全工程	讲座	—
静冈大学	工学部系统工学科	安全工程	选修课	2
埼玉工业大学	工学部应用化学科	安全工程	专业选修课	2
东京海洋大学	海事系统工学科	移动体安全工程	专业选修课	—
北见工业大学	工学部化学系统工学科	安全工程概论 (Introduction of Safety Engineering)	选修课	1
东洋大学	生活设计学部 人类环境设计学科	安全工程	公共选修课	2
上智大学	机械工学科	安全工程	—	—
神户大学	工学部建设学科土木系	地震安全工程	—	—
	工学部机械工学科	安全工程	—	—
	应用化学科	安全工程	—	—

　　各校所开设的安全工程相关课程，因学校学科特点、开设对象等不同，其内容也不尽相同。例如，静冈大学工学部系统工学科设置的《安全工程》（选修课 2 学分）与埼玉工业大学工学部应用化学科设置的《安全工程》（专业选修课 2 学分）的课程名称都是"安全工程"，但是课程内容具有明显差别。静冈大学是在日本东海村的 JCO 核燃料事故之后，根据日本文部科学省"希望具有理工科系部的大学补充有关放射线测定相关知识"的要求，在 2000 年新设置了安全工程课程，课程内容中放射线及原子能相关内容占了全部内容的 30%。而埼玉工业大学工学部应用化学科设置的《安全工程》课程内容的侧重点则是各种化合物及重大事故相关内容。

第四节　中外安全学科课程对比

一、课程设置思想不同

国外很多安全类专业由于专业不同，因此设置的课程无论是基础课程还是专业课程都相差比较大，课程的设置有着较强的专业背景，行业针对性强，而且在本科阶段就已经划分研究方向，即使同一专业，由于研究方向不同，基础课程和专业课程也相差较大。

我国安全学科专业课程设置的基本思想是设置广泛的（或有侧重的）工程背景课、工程安全课，设置少量的安全科学方法论课程，设置极少量的（或不设置）医学、心理学类课程，旨在使学生掌握或有侧重地掌握各种工程技术及相应的安全技术，加上少量安全科学通用知识，以便主要用工程技术，次要用管理手段解决安全问题，毕业生的就业岗位主要是工程技术人员。

二、课程重点不同

国外高校安全类专业本着少而精、学以致用的原则，设置少量的技术类课程，而设置大量的方法论课程，辅以一定比例的医学、心理学类课程，使学生重点掌握各个行业的安全管理知识，学生毕业后主要是各个领域的安全管理人才。由于具有一定的工程技术知识又具备一定的安全管理知识，因此毕业后能顺利走向工作岗位并能胜任工作。不足之处在于学生的就业面比较狭窄，毕业生在非本行业就业时，受原有行业学科知识的限制，往往不能达到非本行业对安全工作的要求。

我国高校安全类专业由于主要针对生产安全，以培养安全技术人才为主要培养目标，因此技术类课程所占的比例大，方法论课程比例偏小，课程设置的重点还是在工程技术方面，法律、心理学、医学、社会学等方面涉及的比较少。学生掌握的知识面比较广，对多个行业都有所了解，因此毕业生择业的机会比较多。弊端就是专业特色不明显，所学知识多而不精，而且课程太多造成学生负担重，基础知识不扎实，另一方面受学时限制，每一门课程所拥有的学时有限，使教学质量受到一定影响。

三、课程内容与结构不同

国外的安全类专业的课程内容侧重于培养学生综合解决安全问题的能力，涉及安全领域的各个方面，且每个领域都有丰富的课程内容，在总体上体现了"宽基础、综合化、重实践"的特征。除了在课程设置上国外普遍注重核心课程外，另一个共同特点就是突出实践环节，如专业设计、课题研究等。在课程种类分配上，一般学校都采用的是模块（module）选修制，即每一类课程学校都提供了多达几十门的课程（或研讨专题）。学校在规定了学生完成学位必修的核心课程、课程选修门数、总学分数之外，并没有过多干涉学生的课程选修权力，学生可以根据自己的喜好和需要从各个模块中选修，不少学校甚至允许学生选修其他专业的专业选修课程，或者是辅修第二学位，以更好地解决本专业课程的局限。辅修课程的设置弥补了学生专业知识的局限性，扩宽了学生的知识面。由此可见国外在该专业的课程设置结构上更加注重灵活性与多样性。

我国的安全工程高等教育在课程设置方面侧重于整体的统一性，这是历史原因和我国的国情所决定的。我国的安全工程高等教育的主要任务是培养国家国民经济建设安全领域所需要的专业人才，因此，在课程设置上，学校统一制定必修课程来保证所培养人才的质量，以达到统一的要求。

四、课程范围不同

我国方案中的课程普遍没有涉及国外常见的劳动关系（Industrial Relations）问题，劳动关系实际上是雇主（或行业协会）、雇员（或工会）、政府三方间的关系，正确处理这个关系对改善雇员的职业安全健康水平有着重要作用，这也是职业安全健康学科与管理学科交叉的一个重要方面。事实上有些国家的职业安全健康立法是三方协商的结果，也规定了三方的责任、权利和义务。我国方案中还对一些公共安全课程有所涉及，如道路安全、车辆安全、大气环境等，而英、美国家方案中的课程内容基本限于职业活动。

五、课程分类不同

我国的安全工程专业课程的分类主要有公共基础课、专业基础必修课、专业必修课和选修课四大块，具体见表6—5。

与我国不同的是，美国的安全类专业的课程主要分为方法论类课程、工程技术类课程、行为学类课程和医学类课程，见表6—6。

表 6—5　　　　　　　　　　　安全工程专业课程设置情况

	课程分类	知识内容	通用性
1	公共基础课	各个院校都是相同的课程，也是每个大学生必须学习的课程，包括政治理论和思想品德课、自然基础课、社会基础课	各院校通用
2	专业基础必修课	主要是为学习专业知识打基础而设置的，包括管理专业基础和工程技术基础	管理专业基础是各院校通用的；工程技术基础知识，部分是安全工程领域通用的技术课程，部分根据学校的办学特色而定
3	专业必修课	学生学习专业知识的最主要课程，包括管理专业知识和工程技术知识	管理专业知识是各院校通用的；工程技术知识，部分是安全工程领域通用的技术课程，部分根据学校的办学特色而定
4	选修课	包括公共选修课和专业选修课	各院校间不同

表 6—6　　　　　　　　　　美国安全学科专业教育方案中课程设置

课程类别	主要课程
方法论类课程	安全风险与危害管理、安全健康与经济、安全行政管理、安全哲学、材料安全管理、法律法规、工业关系、工作安全分析与设计、行业安全管理环境与安全管理系统、赔偿与康复管理、事故调查、事故预防与控制、安全数据管理、系统安全、统计学、流行病学
工程技术类课程	人机工程学、工业卫生（尘、毒、辐射、噪声、细菌等）、行业安全（技术与管理、建筑、采矿、运输、石化等）、空气污染技术、通风工程、消防工程、环境工程
行为学类课程	心理学、生物心理学、行为科学、组织行为学
医学类课程	解剖学、急救技术、流行病学、生物统计学、职业医学

第五节　安全学科课程内容简介

本节介绍安全学科课程内容，首先以中国矿业大学（北京）安全工程专业本科生专业课程体系为例，了解安全工程专业课程内容，如图 6—4 所示。

一、部分公共基础理论课

数学、物理和化学是安全技术管理专业的基础课程，为将来专业课的学习和学生参加工作后分析（处理事故）问题奠定坚实的基础。同时，其物理和化学的实验

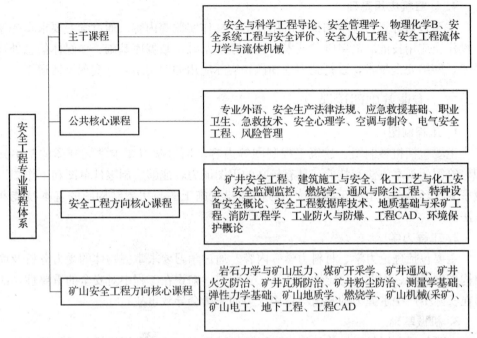

图6—4 安全工程专业课程体系

课也不能缺少，但其内容必须要针对实际情况选作一些认识实验，主要是为后续的专业实验课培养动手操作能力（分析能力）和认识、处置职业危害作准备。

1. 高等数学（工程数学）

数学不仅是工程上的工具，而且是培养学生逻辑思维的重要方法。它的主要内容包括微积分、概率论、数理统计、线性代数（布尔代数）等。要求具备掌握事故统计和建立事故预测数学模型的基本方法与能力。

2. 大学物理

要求掌握力学、电学和光学的基本理论知识以及物理过程。它是为工程力学、电子电工学的学习和预防事故，进行事故分析奠定理论基础与科学方法。

3. 普通化学

主要包括化学反应的基本原理与大气污染、水污染及其危害、金属腐蚀、生命物质和化学对人体健康影响等内容。通过学习要求具有对一些危险化学品和化学成分的认知，掌握化学物质（气、尘、毒等）对人体的危害和对环境的污染，以及治理或防治的基本方法。

4. 计算机应用基础

主要包括计算机基本知识、应用技术、操作实践等内容。通过学习要求掌握基本操作及应用技能、简单维护技术、操作系统基础、数据库基础、多媒体信息处理技术、网络安全技术，以达到理论知识和实际应用的完美结合，实现灵活运用。

二、专业基础理论课

1. 工程制图

主要包括机械制图、建筑工程制图等内容。通过学习要求掌握制图的基本知识、绘图的基本方法和技能，具有较高的识图能力，能够绘制零件草图和工作图以及事故现场草图，掌握正确识读机械图和建筑施工图与房屋结构图的基本技能和方法。

2. 工程力学

主要包括理论力学、材料力学等内容。通过学习要求掌握物体的受力分析及简单构件的强度、刚度、稳定性的计算，了解力学知识在工程中对安全的重要性，能够在实际生产中掌握力的平衡与运用（力的失衡会导致事故）。

3. 机械基础

主要包括金属材料及热处理，常用的机械加工方法，常用机构和通用零件的工作原理、结构特点、基本设计理论及计算方法。通过学习要求掌握常用金属材料及热处理方法，机械加工的原理、方法和特点，常用机构的工作原理、运动特性，以及运用标准、手册进行一般参数的通用零件和简单机械装置（安全防护装置）的设计。

4. 电子电工学

主要包括电路基础、电机控制、电子技术、电工测量及安全用电等内容。通过学习要求掌握电路的基本定律和分析方法、正弦交流电路、三相交流电路、磁路与变压器、异步电动机的基本原理和半导体基本知识，掌握电工测量的基本技能和安全用电的方法。

5. 工程流体力学

主要包括流体的基本物理性质，流体静力学以及流体动力学及其运动规律和特性。通过学习要求掌握流体物理性质参数的计算、流体静力学基础知识、流体动力学基本理论，掌握水泵与风机的工作原理及其性能曲线并学会设备选型，同时，掌握一定的热力学知识。

三、专业技术与特色课

1. 安全管理学

主要包括安全管理的概念和原理、安全管理的步骤和方法、安全管理体系、安全文化、安全管理组织结构、个人行为控制、事故预防对策等。通过学习要求掌握安全管理基本原理和管理方法，并应用管理理论和方法解决事故预防问题，为今后的实际工作打下坚实基础。

2. 安全心理学

主要包括安全心理学的含义、安全与心理特征、生产过程中的心理变化与安全、人的不安全动作的产生、生产环境因素与安全、激励对安全生产的作用等内容。通过学习要求了解劳动者在生产过程中的不安全因素的心理活动规律，掌握事故对人的心理影响作用等，预防事故发生。

3. 安全人机学

主要包括人、机和环境的安全特性，人机环境系统安全特性与人机匹配等内容。通过学习要求了解导致作业者伤亡病害等不利因素的作用机理和预防消除方法的原理，掌握其基本概念和基本理论，领会人机结合面的内涵和人机匹配与安全、工效的辩证关系，学会对人机系统隐患进行诊断、评价和防范的方法，具备安全人机系统设计、人机系统安全分析与评价的基本能力和解决人机系统中的不安全问题的能力。

4. 安全系统工程学

主要包括系统理论、危险辨识技术、危险评价技术、危险控制技术等内容。通过学习要求学会运用系统工程的原理与方法，分析、控制及消除系统中的各种事故隐患，实现工程系统安全，并熟练掌握各种安全检查表的编制，以及事故树、因果分析法等。

5. 事故预测预防技术

主要包括事故预测的数学原理与方法、生产过程中事故的预测预防、作业人员事故的预测预防等内容。通过学习要求掌握运用数理统计和回归（灰色）分析法预测预防事故的方法，以及生产过程中事故的致因理论与防范措施，了解事故发生前的基本预兆特征，从而能够防范和预防事故的发生。

6. 安全检测与监控技术

主要包括安全检验检测技术和安全监控技术两大内容。通过学习要求掌握安全检验检测（特种设备和各种尘、毒）和安全监控的方法，以及各种检测、控制仪器、设备的使用技能，以便借助于仪器、传感器、探测设备等，迅速而准确地了解生产系统与作业环境中危险和有害因素的类型、危害程度、范围及动态变化情况，从而进行控制或采取安全措施。

7. 机械与起重设备安全技术

主要讲授和介绍建筑企业常用的各类机械、起重和吊运设备的特点和机械性能等。通过学习要求了解其技术性能、用途与安全技术要求，掌握运行原理和事故发生的特点与防范措施。

8. 防火与防爆技术

主要包括燃烧和爆炸基本知识、危险物品燃烧爆炸特性、防火与防爆技术措施等内容。通过学习要求了解燃烧和爆炸基本知识，以及发生火灾和爆炸事故的基本规律与特点，掌握防火与防爆技术基本原理。

9. 电气安全技术

主要包括电气安全管理、电气安全技术、电气设备安全运行、电气安全装置等内容。通过学习要求掌握安全用电的方法、各种电气事故的发生特点及其防范措施。

10. 锅炉与压力设备安全技术

主要讲授锅炉与压力设备（压力容器、水泵与压力管道）的基本原理、结构，并对在安装、使用、检验、修理等环节中存在的风险进行分析。通过学习要求掌握锅炉与压力设备的基本知识、安全技术要求及事故的危害和预防等内容。

11. 工业卫生技术

主要包括工业尘、毒的产生与危害，粉尘防护技术，毒害防护技术和职业安全卫生管理等内容。通过学习要求掌握工业尘、毒的产生原理，对人体的危害，以及防治和管理的方法与措施。

12. 事故管理与应急处置

主要包括事故发生原理、事故现场勘察技术、事故分析技术、事故统计与报告、事故经济损失和事故处理与防范措施，以及应急预案等方面的内容。通过学习要求掌握事故发生的基本规律和防范措施，事故应急处置和逃生避难的基本技能，事故调查、事故现场勘察和事故技术鉴定的内容、方法和相关技术。

13. 医学与现场救护

主要包括医学基本知识、人体构造基本知识和现场紧急救护的基本方法与措施。通过学习要求掌握医学与人体构造的基本知识、现场救护的基本技能和逃生避难的基本方法与措施。

14. 建筑安全技术

主要包括建筑施工现场安全，脚手架、施工机械及设备安全，施工中的事故与灾害、建筑企业安全管理等内容与特点。通过学习要求掌握建筑施工技术与施工组织中的事故特点和规律，以及管理方法与技能。

15. 安全经济学

安全经济学和其他课程交叉不多，其主要任务是研究事故的经济损失究竟有多少，不发生或少发生事故究竟能给企业创造多少价值，后者应该更为重要，因为它能够帮助企业建立安全工作的内部动力，以利于企业把安全当作自己的事情，主动做好。安全经济学的内容应该包含事故经济损失，但是更主要的应该有积极的方面，即安全怎样提高劳动生产率、怎样为企业创造业务市场、怎样为企业增加利润，采用主动、积极而直接经济的理念和方法才会启发企业的高级管理层积极进行人力、物力、财力等多方面的安全投入。

16. 风险管理

风险管理是一种管理方法，它是对一个系统（主要是硬件系统）发生事故的危险性的定量或定性分析。当然，风险管理方法也可以对一个组织的整体风险进行研究，但是至少在安全领域，这种整体风险的研究方法的发展目前还并不成熟。

17. 职业卫生

主要包括生产性粉尘与尘肺、物理因素所致职业病、职业卫生管理等内容。通过学习，了解人体的各种生理系统的基本结构和功能，能够掌握生产中各种毒物和环境对人体的作用和伤害机理，了解生产环境和生产过程中的各种不安全物理和化学致病因素，掌握各种职业病的诊断、处理和预防原则，能够掌握常见的急救措施，能够清楚安全卫生管理工作的基本内容。

18. 应急救援基础

主要包括应急救援预案，应急机制、体制和法制，应急救援体系，常见灾害特征及演变规律，应急救援决策理论与方法，应急救援装备等。掌握应急救援的基本原理、工作程序、方法等，具备编制应急预案、构建应急救援体系、处理事故的基本知识和能力，为从事应急救援相关工作提供理论基础和工作方法。

19. 安全生产法律法规

安全生产法律法规是进行安全生产工作的法律基础，是企业遵章守法、政府检查监督和劳动者保护自身权益的根本依据，是安全管理工作的基石。安全生产法律法规的内容包括各行各业相关的法律规范和技术标准，了解安全生产的法规体系是今后从事安全生产工作的基础。

通过学习，掌握以《安全生产法》为主线的安全生产法律规范，主要内容包括安全生产法的宗旨、企业的责任、政府的责任、员工的权利和义务以及中介机构的作用，应急救援预案和事故调查处理等。在此基础上，延伸出相关的安全生产共性法律法规，主要包括：企业伤亡事故调查处理规定、工伤保险条例、危险化学品安全管理条例、特种设备安全监察条例等。此外，有选择性地介绍重点行业的安全生产法律法规，主要有：危险化学品相关的安全管理规定、消防法、煤矿安全规程等。

20. 通风与除尘工程

在安全和消防工程中，通风是保证受控范围空气质量的主要技术措施之一。首先，有效通风可保证通风范围内的人员对空气的健康要求；其次，有效通风可保证其范围内生产对空气的安全要求；再次，有效通风可保证其范围内生产对空气的质量要求；最后，有效通风可保证其范围内人员对空气的气候要求。通过学习，了解和掌握通风与除尘工程方面的基本概念、基本理论和基本技术，认识通风与除尘工程在安全和消防工程中的地位和作用。

21. 燃烧学

主要包括燃烧的物理、化学基础知识，着火与灭火基础理论，可燃气体、液体和固体燃烧等。通过学习，掌握燃烧的相关物理、化学基础理论，可燃物着火和灭火的基础知识，气体、固体和液体可燃基本特性，为学习安全工程、消防工程的专业课程提供必要的理论基础。

22. 消防工程学

主要包括火灾及烟气蔓延、建筑材料高温性能和建筑物耐火等级、防火分区与防烟分区、灭火剂与灭火器、火灾自动报警系统、自动喷淋系统等。通过学习，掌握火灾的基本规律以及与消防相关的建筑火灾防护方法、手段和技术，进而掌握将基础知识、专业知识、法律法规与工程设计、施工和管理有机结合的方法，为将来从事消防和安全工作提供必要的理论知识基础。

23. 安全工程数据库

主要包括关系数据库、Access 表操作、查询操作、报表操作和窗体操作、数据库设计、关系查询处理和查询优化等。通过学习，系统地掌握数据库系统的基本原理和基本技术、数据库系统基本概念，熟练使用 SQL 语言，掌握数据库设计方法和步骤，具有设计数据库模式以及开发数据库应用系统的基本能力。

24. 矿井通风与安全

在矿井生产过程中，经常受到水、火、瓦斯、煤尘、地热等自然灾害的威胁。

通过学习，掌握矿井通风与安全方面的基本概念、基本原理和方法，熟悉通风安全检测仪表的检测原理和技术，了解通风安全技术管理体系与制度及相关法规要求，充分认识矿井通风与安全在矿井生产中的重要地位。

四、课程设计与实验、实训课

开设和进行课程设计与实验、实训课，是安全技术管理专业课程体系的重要组成部分，同时对学生所学的知识进行运用训练，为学生理论联系实际提供了平台，更重要的是对培养学生的创造性思维和动手能力、提高学生的学习兴趣有着深远的意义，特别是为学生实习和到现场工作提供了在教师指导下的"实践"或"训练"机会。

五、实习（认识、生产）和毕业设计课

实习（认识、生产）与毕业设计课，是学生对知识的认识、掌握和综合运用与发展的一个过程，是学生进行实践的重要环节。学校应该建立健全这样的平台，配好配足指导教师，充分提高学生的实际操作和理论知识的综合运用能力。

思考题

1. 安全学科课程体系的培养目标和研究对象是什么？
2. 一名合格的安全工程专业人员应具有哪些知识和能力？
3. 安全工程本科专业教育内容和知识体系包括哪三部分？分别进行描述。
4. 安全学科有什么公共基础理论课和专业基础理论课？
5. 试列举几个安全学科专业技术与特色课程。

第七章　安全管理基础

本章目标

了解安全管理体系、组织结构、操作程序和安全文化。

安全方针与目标是安全管理模式的前提要素和根本所在。一个优秀的安全管理模式，必须要有正确指导意义的安全方针和明确可量化的考核目标。先进正确的安全管理理念是企业安全管理模式的导向。组织结构是企业安全管理模式中安全管理工作任务和职责划分的基本框架依据，也是企业执行力的一种具体体现。而安全文化为企业安全管理提供的氛围和环境是安全管理模式中至关重要的根本保障。本章主要简单介绍方针目标、安全管理理念、组织结构、安全文化和操作程序。

第一节　安全管理概论

安全管理（Safety Management）是管理科学的一个重要分支，它是为实现安全目标而进行的有关决策、计划、组织、控制等方面的活动，主要运用现代安全管理原理、方法和手段，分析和研究各种不安全因素，从技术上、组织上和管理上采取有力的措施，解决和消除各种不安全因素，防止事故的发生。

广义的安全管理就是事故预防，包括安全工程技术和安全行为控制两方面；狭义的安全管理只有安全行为控制一方面。

安全管理是以安全为目的，进行有关安全工作的方针、决策、计划、组织、指挥、协调、控制等职能，合理有效地使用人力、物力、财力、时间和信息，为达到预定的安全防范而进行的各种活动的总和。

广义的安全管理包括的内容广泛：从战略到战术、从宏观到微观、从全局到局部做出周密的规划协调和控制，以及安全管理的指导方针、规章制度、组织机构，对职工的安全要求、作业环境、教育和训练、年度安全工作目标、阶段工作重点、安全措施项目、危险分析、不安全动作、不安全状态、防护措施与用具、事故灾害的预防等。

第二节　安全管理体系

一、安全管理体系结构

20 世纪 80 年代末 90 年代初，一些跨国公司和大型的现代化联合企业为强化自己的社会关注力以及控制损失的需要，开始建立自律性的职业安全健康与环境保护的管理制度并逐步形成了比较完善的体系。在跨入新世纪之际，职业安全健康管理体系引起国际上更广泛的注意。随着 ISO9000 系列标准和 ISO14000 系列标准在全世界范围内被广泛地采用，职业安全卫生管理体系化问题越来越受到人们及社会的关注。针对形势的发展，发达国家率先推行了安全管理体系。

安全管理体系的模式有多种。不同的国家、不同的企业采用的模式不尽相同。我国自 1999 年以来，面向广大的企业大力推行由英国 BS8800 发展而来的职业健康安全管理体系，即 OSHAS 18001—1999，自 2004 年开始，我国又向企业推广安全质量标准化管理模式。按照安全健康管理体系标准（如 OHSAS18001 或 ILOOSH2001）建立的系统化安全健康管理体系，包括体系文件和执行过程，如图 7—1 所示。

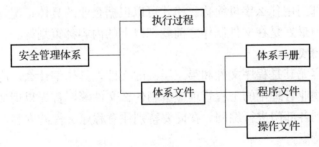

图 7—1　安全管理体系组成

二、管理体系的策划

1. 结构的策划

根据如图 7—2 所示安全管理体系文件的金字塔结构形态，文件编制人员的安排也是不一样的，即负责企业的体系手册、程序文件和操作文件的具体编制人员是不一样的。

　　安全管理体系手册应该由安全部或专门负责安全管理的部门编制，而且在安全管理体系手册的编制过程中，管理者代表和总经理必须参与，因为安全管理体系手册是一个纲，如果这项工作没有做好，下一步的工作开展起来就非常困难，也会浪费大量的时间。安全管理体系手册由部门经理、安全管理部门成员等人进行编写，由企业负有执行职责的最高管理者总经理签署和发布。

　　程序文件应由管理者代表、安全管理体系手册编制组长、部门经理、安全管理部门成员等人进行编写。也就是说安全管理体系手册和程序文件的编写基本上是同一批人（具体的文字组织由2～3人统撰即可），以便保持一致，在文件的编制过程中，必须召开一些会议进行讨论。

　　操作文件（作业指导书）可以分解，题目内容策划好后，可分配到各个部门去编写。应该号召每个员工都参与编制。如果每个人都去参与、都去思考，那么编制出来的文件最适合本企业的特点，是最有实际效果的。人人都应参与，如保洁部的保洁员可以参与编制保洁的有关作业规程，工程部的维修和运行人员可以编写维修工作和设备运行的有关作业规范。这样工作就做得非常细致，真正地做到位了。

　　2. 格式的策划

　　体系手册、程序文件、操作文件都有相应的格式和要求。文件的格式，在策划的开始就应该做好。在做文件前，编制质量体系的编制导则或编制程序时可以规定：质量手册编完是什么样子、以后修改按什么步骤、编制号码和质量手册用什么字母表示、各部门用什么字母简化。格式可以根据企业的具体情况并参照其他的文件进行策划，但最好是在文件制作之前就把以上的内容都策划好。

　　3. 内容的策划

　　文件的内容尤其是程序文件和第三层次的文件，具体编什么，应该是最初就策划好的，比如物业管理中的工程管理应编制什么文件等，首先得把文件、内容策划好，然后分解到各部门进行编制。在此要特别注意程序文件的内容，一定要反映安全管理的行业特点。

三、安全管理体系文件

1. 文件结构

　　安全管理体系文件是一个金字塔的形式。作为塔尖的第一层次文件是体系手册，体系手册是一个公司的大纲。第二层次文件是程序文件，程序文件是对安全体系手册的一种继续、一种详细化。第三层次文件是操作文件，即作业指导书和记录表格，实际上第三层次文件是操作人员进行具体操作的指南。记录表格实际上是一些表格，是一些实证性的文件。具体内容如图7—2所示。

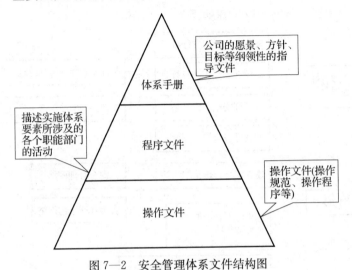

图7—2 安全管理体系文件结构图

2. 体系手册

体系手册主要包括一体化管理体系的范围、引用的程序、体系过程之间相互作用的表述，是公司向其内外部提供关于公司管理体系整体信息的文件，主要供公司内的中、高层管理人员和相关方以及第三方审核机构审核时使用，集中表述公司的管理体系保证能力。

3. 程序文件

程序文件是完成某项任务的方法和途径，主要供各职能部门使用，起到一种承上启下的作用，对上使体系手册中的原则性和纲领性要求得到展开和落实，对下引出相应的支持文件，包括作业指导书、记录表格等。

4. 操作文件

操作文件是围绕管理手册和程序文件的要求，描述具体的工作岗位和工作现场如何完成某项工作任务的具体做法，是一个详细的工作文件，主要供个人或班组使用。

5. 记录表格

记录表格是阐明所取得的结果或提供所完成活动的证据的文件。记录具有可追溯性的特点，可提供验证、预防和纠正措施的证据。

四、建立安全管理体系的一般步骤

建立安全管理体系的一般步骤如图 7—3 所示。

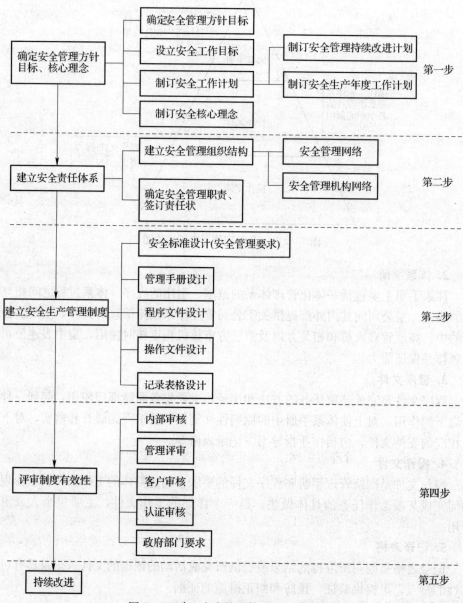

图 7—3　建立安全管理体系的一般步骤

　　建立安全管理体系主要分为五个步骤：第一步是确定安全管理方针目标、核心理念，第二步是建立安全责任体系，第三步是建立安全生产管理制度，第四步是评审制度有效性，第五步是持续改进。

　　下面以这五个步骤为纲，对如何建立安全管理体系进行阐述。

1. 确定安全管理方针目标、核心理念

　　（1）企业应当提出符合国家法律、法规，国家标准、行业标准，符合企业安全价值理念的安全方针、政策。

　　（2）企业应设立安全管理工作目标。

　　（3）企业应制订安全工作规划、计划。企业在确立安全方针并设立工作目标后，必须采取一系列的措施来贯彻方针政策，确保目标的实现。因此，必须制订适合企业发展和实际生产过程的安全管理工作计划。

　　第一，为建立推动安全管理体系不断持续改进的中长期规划和年度工作措施，其内容应包括持续改进的方法、对象、实施日期、实施人、监督人等内容。其中，持续改进的方法包括内部审核、管理评审、第三方审核、客户审核、政府部门的检查等。要通过审核发现体系存在的问题和不足，从而得到持续改进、不断完善的效果。中长期规划的时间跨度可以是 3 年、5 年、10 年等，企业应根据自身运营情况进行合理的设定。

　　第二，企业的安全管理机构或专兼职安全管理人员应根据企业总体年度计划和年度生产、维护计划，制订当年的安全工作年度计划并指出本年度安全工作的重点，对计划中的各项工作内容，应规定具体的实施时间、方式、人员等内容，并确定追踪这些计划完成的人员等。

　　（4）企业进行适当的归纳、分析、讨论，得出明确而具体的安全管理核心理念。

2. 建立安全责任体系

　　（1）应建立安全管理组织网络，确定企业负责人、车间（部门）负责人、业务部门负责人、班组长的各层级主要负责人的安全责任，将安全责任层层分解，层层落实。

　　（2）在某些高危行业如化工、建筑等行业，或人数（法定 100 人）较多、规模较大的企业，应建立专门的安全管理机构及其网络，并应对该网络中的人员在消防、设备、现场等方面的安全监管内容进行分工，落实其监管责任。

　　（3）组织网络和安全管理人员确定后，应根据其各自工作情况确定个人的安全管理职责，建立层层安全生产责任制，并签订责任状。

3. 建立各项安全生产管理制度

建立各项安全管理制度，如培训教育制度、企业内部隐患排查制度、安全例会制度、风险管理制度等。安全标准设计实际上就是企业安全管理的要求，如风险识别与分析管理方法、危险源管理方法、安全标准化工作的管理、事故的管理、应急演练等。

4. 评审制度有效性

（1）内部审核。建立安全管理体系后，企业应对体系的有效性进行审核。可以通过企业内部选拔审核员，组织进行内部审核。内部审核一般每年进行一次，必要时可适当增加审核次数。

1）审核的内容

①安全管理体系的制度和实施是否与安全计划一致，是否被有效实施。

②在履行安全方针政策、实现安全管理目标和安全管理量化指标过程中，安全管理体系的有效性。

③安全管理体系与有关法规的符合性。

2）审核的程序

①进行审核前的准备。

②建立审核准则。

③明确审核重点。

④确定审核组织和参加审核人员的要求。

⑤制定审核方法和步骤。

⑥审核记录的管理。

⑦审核结果的通报。

⑧不符合情况及纠正措施。

（2）管理评审。管理评审就是最高管理者为评价管理体系的适宜性、充分性和有效性所进行的活动。管理评审的主要内容是组织的最高管理者就管理体系的现状、适宜性、充分性和有效性以及方针和目标的贯彻落实及实现情况组织进行的综合评价活动。

（3）客户审核。根据客户的要求进行审核。审核之前做好相应的准备工作，配合客户对企业安全管理体系进行审核，记录客户审核时发现的问题和异常，制定改善计划，并落实整改。

（4）认证审核。认证审核，按照国际标准化组织（ISO）和国际电工委员会（IEC）的定义，是指由国家认可的认证机构证明一个组织的产品、服务、管理体系符合相关标准、技术规范（TS）或其强制性要求的合格评定活动。

（5）政府部门要求。根据政府部门的要求进行检查。检查之前做好相应的准备工作，配合政府部门对企业安全管理体系以及相关内容的监督检查，记录政府部门提出的问题点，并制定整改计划，落实整改。

5. 持续改进

根据内部审核、管理评审、客户审核、认证审核、政府部门检查的结论和建议，本着持续改进的原则，不断完善安全生产管理体系，实现动态循环。

第三节　安全管理组织结构

一、安全管理组织结构内容

企业组织结构包括部门设置、垂直结构和水平作用，如图 7—4 所示。

部门设置表现在两个方面：一是机构设置，二是人员配备。前者是企业设置安全相关部门和安全负责人员。安全不只是安全部门自己的事情，如果存在"管生产不管安全""管设备不管安全""管工程不管安全"的现象，安全部门就会由监管部门变成被动处理琐事的业务部门，不仅要接受其他部门的指挥，而且

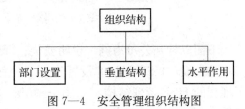

图 7—4　安全管理组织结构图

还要承担其相应的管理责任，一旦出事故，不是安全部门去追究有关人员的责任，而是有关部门和人员去追究安全部门的责任。机构设置应做到生产部门和安全部门的责、权有效地结合和统一。

垂直结构，表现是上层和下层之间在管理中统一步调，中层很好地上传下达。

组织结构中的水平结构的主要作用是同级、同部门之间的交流和沟通。水平作用的影响可以使安全生产管理更加紧凑，弥补垂直结构的不足。

二、国外安全管理组织结构

通过分析国外集团企业的组织结构，可简化成如图 7—5 所示，企业在高层管理中，赋予安全较高的职位，首席执行官负责整个企业的安全工作，HSE 部门负责具体的安全管理过程，但不承担企业安全管理结果。企业一般都有独立的安全部门，安全部门人员由各业务部门的主管和工厂的安全专家组成。遇到紧急情况，安

全部门可以越级上报。同时企业一般都有外部监测反馈系统，保证企业的安全管理活动。

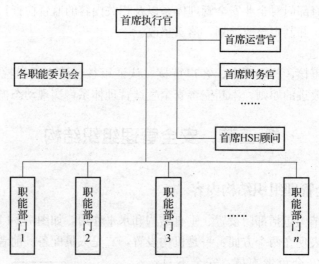

图7—5　国外企业安全管理组织结构

下面以杜邦公司为例，说明安全管理组织结构的运作过程。杜邦公司经过200多年的发展，HSE部门的设置经历了分散—集中—集中＋分散的管理过程，形成了现在的HSE管理结构，如图7—6所示，且拥有了成熟的安全理念、安全管理体系。

杜邦公司拥有HSE资源中心和可持续发展中心两套组织结构系统，HSE副总裁一般向CEO报告（有时也可以直接向董事会报告），可持续发展中心副总裁向董事会报告，这样可以避免一个副总裁只忙于业务，还解决了一些HSE目标相矛盾或相关的业务问题。HSE副总裁、业务部副总裁和公司财务总监都有独立的汇报流程。另外杜邦公司有健全的外部监测体系，每年都会进行监测来确保所有机构都必须按他们说的来做。杜邦使用小组交流、委员会和网络等丰富的资源实现信息共享，促进公司员工交流以使得员工更加全面了解公司的HSE政策及目标，也加强了员工对安全重要性的理解。

三、国内安全管理组织结构

在国内，企业内部负责安全管理工作的部门的一般设置如图7—7所示，被称为集权式组织结构。负责安全工作的部门与其他部门平级（有的企业没有安全部门，

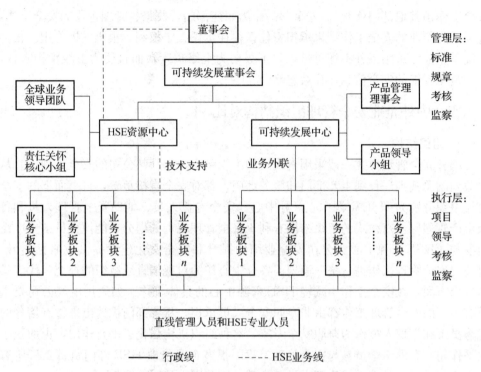

图 7—6 杜邦公司 2003 年后的安全管理组织结构

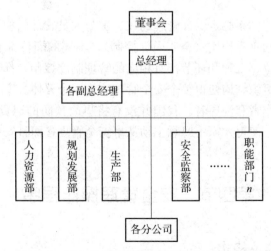

图 7—7 国内企业的安全管理组织结构一般设置

安全工作由其他部门代管）。安全部门作为职能部门，监督、管理企业的安全工作，并需要为企业的安全工作结果承担责任，往往责任大于权利，很难发挥作用。很多情况下企业注重结果并不注重过程，下级要为上级负责，而且要为上级承担责任，一线员工反馈的安全信息往往被忽略。

四、中外企业安全管理组织结构对比

1. 组织结构

国外安全管理模式一般采用直线式的组织结构，如杜邦公司的安全管理层，从总裁到副总裁到厂长到生产部门和服务部门，都对安全直接负责，自上而下的安全直线组织分别为 HSE 资源中心、分中心、安全专业人员、辅助安全管理人员和各级生产管理层。直线式的组织结构有利于安全管理职责的划分，能使得员工更广泛地参与。HSE 资源中心为公司安全业绩的提升和安全文化建设提供战略性指导，对公司安全管理工作进行统一策划。各分中心作为对现场直线组织的补充，代表具体各个方面，在安全工作中减轻 HSE 资源中心的具体工作。如通用电气公司要求所有工厂的安全管理工作都由非专职安全人员承担，从各部门挑选出来重点培养的优秀员工和管理人员作为兼职安全专家。这种组织机构强化了垂直作用，也加强了水平作用，有助于全员参与安全管理。我国很多企业是由 HSE 部门负责工厂所有的安全工作，不是由直线管理人员负责其管辖范围内的安全工作。

2. 职责方面

优秀的安全管理体系必定保证管理的权、责与人员、部门相互对应，同时有很强的水平影响作用和垂直作用（企业内部控制）。不同的岗位都有相对应的管理制度和方法，每个岗位、工种和环节都有相应的管理制度控制，都包含在安全部门的管理内，同时利用组织结构使得整个安全管理成为一个整体。安全管理部门在整个管理中属于生产协作者和沟通者。我国并没有将事故预防的职责落实到业务直线，权、责、利不平衡，使得大家不愿意主动从事安全管理，而且安全管理工作和责任压力大。

第四节　安全管理操作程序

一、基本内容及格式

程序是为实施某项活动规定的方法。程序文件是组织开展安全管理工作的重

要文件，是实施安全活动的依据，是安全管理手册的支持性文件和原则性要求的具体描述。因此，编写程序文件必须以安全管理手册为依据，符合安全管理手册中的有关规定和要求。程序文件应该从安全管理体系的整体出发，进行系统编写。

1. 基本内容

程序文件的基本内容如下：

（1）目的和适用范围。简要说明该程序的控制目的、控制要求，指出程序所规定的内容和涉及的范围。

（2）引用标准和文件。引用的标准及文件包括国家、行业以及企业内部制定的与本程序实施相关的文件。

（3）定义。定义程序文件中涉及的行业及企业常用的术语及定义，便于理解。

（4）职责。指明实施程序文件的主管部门和相关部门及其职责、权限和相互关系。

（5）工作程序。列出实施此项管理活动的步骤，保持合理的编写顺序，明确输入、转译和输出的内容；明确各项活动的接口关系、职责、协调措施；明确每个过程中各项活动应做什么（What）、为什么这样做（Why）、谁来做（Who）、何时（When）、何地（Where）以及如何做（How），应采用什么材料、设备、仪器和依据什么文件，需要达到什么要求，需形成哪些记录和报告以及内容，出现例外情况下的处理措施，必要时辅以流程图。

（6）报告和记录。确定使用程序文件的记录和报告格式及其保存期限。

（7）相关文件。列出与程序文件相关的作业指导书、操作规程等支持性文件清单。程序文件应简明易懂，并经主管部门负责人同意以及相关部门对接口关系的认可，经审批后实施。

2. 统一文件的结构和格式

采用 GB/T 1.1—2009 国家标准规定的版面格式。

（1）文头。程序文件的文头一般包括：组织标志（企业名）、文件编号、版次（含修改次数）、页码、文件层次及级别、文件发布或实施日期、编写者和批准者（也可放在文尾）、日期等内容。

一份程序文件往往由数页组成，可以每页都有文头，也可以只有第一页出现文头，在后续页上只在上部标明文件编码和页码即可。

（2）文尾。文头上的内容不能全部列出时，余下部分可在文尾中列出。

二、编写工作流程

编写程序文件的工作流程如图 7—8 所示。

编制程序文件时应注意以下问题：

1. 收集企业现有的各种标准、制度、规定等文件，确保其有效性，清理和分析这些文件，留下有用的，删除无关的，按程序文件的内容及格式进行改写。

2. 在能控制的前提下，尽量减少程序文件的个数和每个程序文件的篇幅。程序文件之间要有必要的衔接，且避免相同内容在不同的程序文件中重复出现。

3. 按照安全管理体系的方案，确定程序文件清单及编制程序文件的主管部门职责，对照已有的各种文件，确定需要完善和改造的程序文件。

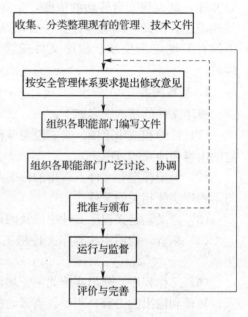

图 7—8　编制程序文件工作流程

三、程序文件的要求

1. 程序文件的层次性

安全管理体系是有多个层次的结构，这就决定了程序文件的多层次性，一个完整的体系由若干要素组成，一个要素又通过若干项职能落实，每项职能又要由若干个管理活动来保证。因此程序文件需要进行细致策划，建立不同层次的程序以适应相应的管理层和对应的安全管理活动。

2. 程序文件的可操作性

程序文件是组织有效实施安全管理体系的一组管理文件，规定了程序实施的目的、范围、部门、职责和权限、实施步骤、方法和要求，要有可操作性。

3. 程序文件的针对性

每个程序文件应有针对组织活动、产品或服务的特点，包括安全管理体系要素中的一个逻辑上的独立内容，可以是体系的一个管理要素、管理要素中的一个活动或一组活动等，因此要有针对性。

4. 程序文件的可评比性和可检查性

实施安全管理体系的一个重要标志就是有效性的检验和持续改进。只有在不断的评比和检查中，才能不断完善安全管理体系，使其持续改进。

四、程序文件示例

程序文件示例说明：

1. 程序文件示例仅就一般情况编写，内容不够详细和具体。

2. 编写程序文件时应紧密结合本单位实际情况。

3. 程序文件示例并不是标准模板，仅供参考。

4. 程序文件示例只是给出编写的基本思路和结构参考。

5. 编写程序文件时格式可以有所差异，但同一套体系中的程序文件的格式应尽可能一致。

安全关键岗位人员变更管理程序

1. 目的

为规范安全关键岗位人员变更，避免因此造成对公司业务的不利影响，特制定本程序。

2. 范围

本程序适用于公司及其下属全资子公司，非全资控股公司参照执行。

3. 术语与定义

3.1 关键岗位：指与生产直接相关的生产指挥、技术、操作、检维修等关键岗位，涉及较大安全风险。此类岗位会因人员的变动造成岗位经验的缺失、岗位操作熟练程度降低，从而影响设备设施正常运转和对异常情况的正确处置，可能导致事故。

3.2 人员变更：指员工岗位发生变化，包括永久变动和临时性承担相关工作。表现形式有调离、调入、转岗、替岗等。

4. 职责与权限

4.1 安全管理部门负责本程序的制定、修订、维护、监督和指导。

4.2 人力资源管理部门负责识别和确定本单位的安全关键岗位，规定岗位变更条件，报上级人力资源部门备案并严格执行。

4.3 各单位负责在关键岗位人员变更时按规定实施变更，并加强相关岗位后备人员的培养。

5. 工作程序

5.1 安全关键岗位的认定

各单位根据关键岗位的定义，从生产一线指挥岗位、关键环节技术审查和负责岗位、重要设备操作维修岗位筛选并识别出本单位关键岗位（针对岗位的性质而非具体人员进行识别），研究确定这些岗位的变更限制条件，建立本单位的安全关键岗位人员变更管理清单及配套变更程序，经部门负责人批准后，报上级人力资源部门备案，在本部门实施。以下岗位为筛选安全关键岗位时提供参考：

1. 生产指挥或技术管理岗位：

（1）产业单位的各事业部、各分公司（总）经理、（生产）副经理、总工程师、安全总监（安全部门经理）及负责施工组织、施工方案的制定或审查、组织应急抢险的职能部门经理。

（2）产业单位的基层作业（施工）队长、作业（施工）工程师、工艺设备工程师、控制室主岗、被授权签发作业许可证资格的岗位。

（3）产业单位认为其他符合关键岗位条件的。

2. 重要设备操作维修岗位及特殊工种从业人员：包括司炉工、化验工、电工（含发电、送变电、配电、电气设备的安装维修）、电气焊工、起重工（含起重机械司机、司索工、信号指挥工）、司钻等操作运作岗位。

5.2 安全关键岗位任职条件

安全关键岗位人员的知识、技能、经验必须符合岗位说明书所要求的岗位任职资格条件。这些条件由各单位结合岗位实际确定，同时应制定相应安全关键岗位的能力评估标准。

5.3 安全关键岗位人员的变更管理

为了控制因经验缺失引入的额外风险，应加强对安全关键岗位人员的变更管理。管理的重点一是对岗位新入职人员进行能力评估和针对性培训，二是对后备人员的培养。

1. 由安全关键岗位的直线主管组织，对新入职人员进行安全能力评估，评估不合格或有不合格项的，与人力资源部门协商采取以下处理方式：

（1）终止聘任或调整岗位。

（2）限制部分工作职责、权限，经培训评估合格后履行全责。

（3）在岗实习（指定指导老师和培训实习计划），经评估合格后上岗。

2. 从其他岗位调入且在原岗位进行过安全能力评估的，仅需评估变更前后两岗位能力需求的差异部分。

3. 应针对评估不合格项指定专项的辅导培训计划，落实资源实施培训。

4. 岗位交接。由安全关键岗位的直线主管组织，入职、离职人员制定好交接计划及交接记录表，逐项进行岗位工作交接，交接完毕后双方签字认可并经直线主管审核后，方可变更岗位。岗位交接内容包括但不限于：

（1）岗位安全职责。

（2）属地区域或工作业务范围。

（3）主要业务流程和重要制度、资料记录台账。

（4）属地区域或工作范围内的安全危害及风险控制措施、应急保障措施、管理现状、现有的隐患及相应的监控措施、计划中正在进行的工作进展情况等。

（5）重要的对外业务联络资源（政府、甲方）。

（6）其他影响安全的未尽事项。

（7）由直线主管决定最终的岗位交接时间，应充分保证新入职人员对工艺、流程、设备设施、制度的熟悉。

5.4 后备人员的管理

各单位应注意培养相关安全关键岗位的后备人员，后备人员应在安全关键岗位人员变更时能及时顶岗。

1. 直线管理人员应落实资源，有计划地安排后备人员的培养工作，包括参照主岗的培训计划对后备人员进行培训、提供更多的后备人员参与具体业务的机会等。

2. 后备人员替岗前应通过该关键岗位的能力评估。

5.5 当安全关键岗位人员发生变更时，岗位直接主管应采取有效措施保证安全生产，包括但不限于：

1. 指定后备人员或直接管理人员顶岗。

2. 安排合格员工合理加班。

3. 从其他岗位调配合格人员。

第五节　安全文化

一、安全文化定义

安全文化的最先提出就是在前苏联切尔诺贝利的核电站事故之后，为的就是解决核安全问题，所以安全文化的发展史就是事故致因理论的发展史。

　　尽管安全文化的重要性已被广泛接受，但对于"安全文化"一词的定义却很少能达成一致，因此，安全文化的定义存在诸多分歧。

1. 国家层面上

　　安全文化的概念最先由国际核安全咨询组（INSAG）于1986年针对切尔诺贝利事故，在INSAG－1（后更新为INSAG－7）报告中提到"苏联核安全体制存在重大的安全文化的问题。"1991年出版的（INSAG－4）报告即给出了安全文化的定义：安全文化是存在于单位和个人中的种种素质和态度的总和。文化是人类精神财富和物质财富的总称，安全文化和其他文化一样，是人类文明的产物，企业安全文化是为企业在生产、生活、生存活动中提供安全生产的保证。

　　1993年英国安全健康委员会（U. K. Health and Safety Commission in Cooper）提出组织的安全文化是个体和群体价值观、态度、能力和行为方式的产物，它决定了一个组织的健康安全管理的承诺、风格和熟练程度。拥有积极安全文化的组织具有如下特征：沟通交流建立在相互信任的基础上，对安全的重要性拥有共享知觉，对预防措施的功效具有把握。

　　1999年澳大利亚矿业协会提出安全文化是企业内正式的安全观，包括对管理、监督、体系和组织的感知。

　　2006年我国国家安全生产监督管理总局在"十一五"安全文化建设纲要中提出：安全文化是安全生产在意识形态领域和人们思想观念上的综合反映，包括安全价值观、安全判断标准、安全能力、安全行为方式等。

2. 理论研究层面上

　　目前国内外对安全文化的定义有多种。归纳一些专家的论述，一般有广义和狭义两类。狭义的安全文化的定义强调文化或安全内涵的某些方面，例如人的行为、安全理念等。广义的安全文化定义把"安全"和"文化"两个概念都作广义解，安全不仅包括生产安全，还扩展到了生活、娱乐等领域，文化的概念不仅包涵了观念文化、行为文化、管理文化等人文方面，还包括物质文化、环境文化等硬件方面。广义的安全文化定义既包括了安全物质层，又包括了安全精神层，既涵盖企业，又涵盖公共社会、家庭大众等领域。

二、安全文化的定量测量

　　安全文化的定量测量是指采用定量技术和手段来分析安全文化，主要用于构建安全文化的实证模型和理论模型，定量分析的主流研究方法是基于管理的规范研究（Management - based Normative Approach），即从管理角度出发，对安全文化进行工具性假设。安全文化的定量测量是安全文化定量研究的基础，其前提条件是安全文化可以通过一系列因子变量明确地反映。

由于研究人员的研究对象不同，因此研究得到的因子结构各不相同。众多国内外学者为了确定安全文化因子，各自设计和开发了不同的安全文化测量工具进行研究，得到了许多不同的安全文化因子。

造成安全文化因子不同的原因可能是不同的学者所研究的对象不同（不同的行业、不同的企业以及不同的调查对象）以及使用不同的测量工具和数据处理方法。

目前，企业可用的安全文化测量软件系统较少，仅有英国健康安全局开发的健康安全氛围调查工具（HSCST）、Robert Gordon 大学开发的计算机处理的安全氛围调查问卷（CSCQ）、香港职业安全健康局开发的建筑业工作安全气候指数调查软件以及中国矿业大学（北京）开发的企业安全在线分析系统（SCAP）。

思考题

1. 简述安全管理体系。
2. 简述管理体系文件的基本组成。
3. 简述安全文化的概念。

第八章　安全技术工程基础

本章目标

了解煤矿安全、电气安全、机械安全、特种设备安全和防火防爆安全的一些基本知识，掌握如何利用事故致因理论分析各类事故（以事故致因"2－4"模型为例），了解煤矿、电气、机械、特种设备和防火防爆方面的安全标志。

安全技术工程是运用安全工程的原理和方法，从技术上为防止劳动者在生产过程中发生事故所采取的一系列措施。安全技术是生产技术的一个组成部分，并且与之密切相关。安全技术贯穿于生产的全过程，并且随着生产技术的发展而发展。

不同行业有不同的安全技术。按产业性质区分，有煤矿安全技术、冶金安全技术、建筑安装工程安全技术等；按生产机械、设备区分，有电气安全技术、起重安全技术、机床安全技术、锅炉压力容器安全技术等。为使学生对安全技术工程有大概的了解，本书介绍生产中主要的安全技术知识，以机械设备种类区分为主，兼顾中国矿业大学（北京）学科专业特点，介绍煤矿安全。

第一节　煤矿安全

一、煤矿事故分类

1. 按诱发因素分类

按诱发因素的不同，将事故分为责任事故和非责任事故两种类型。

非责任事故是指因自然灾害和人们对某种事物的规律性尚未认识，目前的科学技术水平尚无法预防和避免的事故。

责任事故是指人们在进行有目的的活动中，由于人为的因素，如违章操作、违章指挥、违反劳动纪律、管理缺陷、生产作业条件恶劣、设计缺陷、设备保养不良等原因造成的事故。此类事故是可以预防的。

2. 按伤害程度分类

按伤害程度划分，将事故分为死亡事故、重伤事故、轻伤事故 3 类。

（1）死亡事故，指造成人员死亡的事故。

（2）重伤事故，指按国务院有关部门颁发的《有关重伤事故范围的意见》，经医师诊断为重伤伤害的事故。凡有下列情况之一者，均作为重伤事故处理：

1）经医师诊断成为残疾或可能成为残疾的。

2）伤势严重，需要进行技术要求较高的手术才能挽救生命的。

3）要害部位严重灼伤、烫伤或非要害部位灼伤、烫伤占全身面积 1/3 以上的。

4）严重骨折、严重脑震荡等。

5）眼部受伤较重，有失明可能的。

6）手部伤害、脚部伤害可能致残疾者。

7）内部伤害：内脏损伤、内出血或伤及腹膜等。

凡不在上述范围内的伤害，经医院诊断后，认为受伤较重时，可根据实际情况参考上述各点，由企业行政部门会同基层工会作个别研究，提出意见，由当地有关部门审查确定。

（3）轻伤事故，指需休息一个工作日及以上，但未达到重伤程度伤害的事故。

3. 按事故伤害程度和伤亡人数分类

按事故对人员造成伤害的程度和伤亡人数划分，事故可分为轻伤事故、重伤事故、死亡事故、重大伤亡事故、特大伤亡事故和特别重大事故 6 类。

（1）轻伤事故，指负伤职工中只有轻伤的事故。

（2）重伤事故，指负伤职工中只有重伤（多人事故时包括轻伤）的事故。

（3）死亡事故，指一次死亡 1～2 人（多人事故时包括轻伤、重伤）的事故。

（4）重大伤亡事故，指一次死亡 3～9 人的事故。

（5）特大伤亡事故，指一次死亡 10～49 人的事故。

（6）特别重大事故，据国务院第 34 号《关于特别重大事故调查程序暂行规定》，一次死亡 50 人及其以上或者一次造成直接经济损失 1 000 万元及其以上的事故。

4. 按事故性质分类

按伤亡事故的性质划分，事故可分成顶板、瓦斯、机电、运输、放炮、火灾、水害和其他 8 类。依照煤安字（1995）第 50 号文《煤炭工业企业职工伤亡事故报告和统计规定（试行）》划分的伤亡事故统计分类标准，将煤炭工业行业生产伤亡事故分为以下 8 类：

（1）瓦斯事故：瓦斯、煤尘爆炸或燃烧，煤（岩）与瓦斯突出，瓦斯窒息（中毒）等。

（2）顶板事故：指冒顶、片帮、顶板掉矸、顶板支护垮倒、冲击地压、露天煤矿边坡滑移垮塌等。底板事故视为顶板事故。

（3）机电事故：指机电设备（设施）导致的事故，包括运输设备在安装、检修、调试过程中发生的事故。

（4）放炮事故：指放炮崩人、触响瞎炮造成的事故。

（5）水害事故：指地表水、老空水、地质构造水、工业用水造成的事故及溃水、溃沙导致的事故。

（6）火灾事故：指煤与矸石自然发火和外因火灾造成的事故（煤层自燃未见明火而逸出有害气体中毒算为瓦斯事故）。

（7）运输事故：指运输设备（设施）在运行过程发生的事故。

（8）其他事故：除以上七类以外的事故。

二、煤矿安全生产

1. 煤矿安全生产的基本要求

按照《矿山安全法》和《煤矿安全规程》，矿山安全生产主要应该具备以下条件：

（1）矿山建设工程的安全设施必须和主体工程同时设计、同时施工、同时投入生产和使用。

（2）下列矿山设计项目必须符合矿山安全规程和行业技术规范：

1）矿井的通风系统和供风量、风质、风速。

2）露天矿的边坡角和台阶的宽度、高度。

3）供电系统。

4）防水、排水系统和防火、灭火系统。

5）提升、运输系统。

6）防瓦斯系统和防尘系统。

7）有关矿山安全的其他项目。

（3）每个矿井必须有两个以上能行人的安全出口，出口之间的直线水平距离必须符合矿山安全规程和行业技术规范。

(4) 矿山必须有与外界相通的、符合安全要求的运输和通信设施。

(5) 矿山设计规定保留的矿柱、岩柱，在规定的期限内，应当予以保护，不得开采或者毁坏。

(6) 矿山企业必须对下列危害安全的事故隐患采取预防措施：

1）冒顶、片帮、边坡滑落和地表塌陷。

2）瓦斯爆炸、煤尘爆炸。

3）冲击地压、瓦斯突出、井喷。

4）地面和井下的火灾、水害。

5）爆破器材和爆破作业发生的危害。

6）粉尘、有毒有害气体、放射性物质和其他灾害物质引起的危害。

7）其他危害。

(7) 井工煤矿必须填绘及时反映实际情况的下列图纸：

1）矿井地质和水文地质图。

2）井上、下对照图。

3）巷道布置图。

4）采掘工程平面图。

5）通风系统图。

6）井下运输系统图。

7）安全监测装备布置图。

8）排水、防尘、防火注浆、压风、充填、抽放瓦斯等管路系统图。

9）井下系统图。

10）井上、下配电系统图和井下电气设备布置图。

11）井下避灾路线图。

(8) 露天煤矿必须填绘及时反映实际情况的下列图纸：

1）地形地质图。

2）工程地质平面图、断面图、综合水文地质平面图。

3）采剥工程平面图、断面图。

4）排土工程平面图。

5）运输系统图。

6）输配电系统图。

7）通信系统图。

8）防排水系统及排水设备布置图。

9）边坡监测系统平面图、断面图。

10）井工老空与露天矿平面对照图。

2. 矿山安全管理的基本内容

（1）基本要求。对矿山企业安全管理的一般要求可以概括为以下几个主要方面：

1）组织职工认真学习，贯彻执行国家安全生产方针和有关法规，树立遵章守纪的理念。

2）建立健全以安全生产责任制为核心的各项安全生产规章制度，落实各部门、各岗位在安全生产中的责任和奖惩办法。

3）编制和督促实施安全技术措施计划，结合实际情况采用科学技术和安全装备，落实隐患整改措施，改善劳动条件，不断提高矿山的抗灾能力。

4）编制防尘措施，定期对井下作业环境进行检测，对接尘人员进行健康检查，做好职工的健康管理工作。

5）有计划地组织职工进行技术培训和安全教育，提高职工的技术素质和安全意识。特殊工种要经过专门的技术培训，经主管部门考试合格发证后，才能持证上岗。

6）定期组织全矿安全生产检查，开展群众性的安全生产竞赛活动。

7）在实行目标责任制或签订经济承包合同中应有矿山安全生产的近期目标和长期规划，以及实现目标、规划的措施和检查办法。

8）对本矿山企业发生的伤亡事故应按规定及时统计、上报，及时组织调查、分析和处理，要求做到"三不放过"（即未找出发生事故的原因不放过、事故责任者本人和群众未从事故中受到教育不放过、未制定出防止同类事故再次发生的防范措施不放过）。

9）建立健全有关安全生产的记录和档案资料。

10）根据矿山实际情况，建立专门的安全机构或配备相适应的专职安全人员，以保证矿山安全工作的正常开展。

（2）部分基本制度

1）安全生产责任制。这是企业最基本的安全管理制度，是所有安全规章制度的核心。

2）安全技术措施计划。国家要求矿山企业在编制生产、技术、财物计划的同时，必须编制安全技术措施计划，在编制的过程中逐步解决一些重要的安全问题。

3）安全技术教育与培训。这是实现矿山安全生产的一项重要基础工作，其主要内容包括：安全思想教育、安全法制教育、劳动纪律教育、安全知识教育和技术培训、典型事故案例分析等。通常采取三级安全教育、特殊作业人员培训、日常安全检查以及各级管理干部、专职安全员的教育和培训方式。

4）安全检查制度。矿山企业定期和不定期地开展安全生产大检查，这是依靠群众促进安全生产工作的一种有效形式，目的在于发动群众揭露安全生产中的薄弱环节，及时发现事故隐患并督促企业领导和有关部门采取措施进行整改。

5）职工伤亡事故管理制度。根据国务院颁发的《工人职工伤亡事故报告规程》及有关规定，对矿山发生的工伤事故进行登记、报告、统计、调查分析和处理的一项制度。

此外，矿山还应根据实际情况，编制采掘工作面作业流程、各种安全技术操作规程、爆破器材管理制度、瓦斯检测制度、机电设备管理和检修制度、入井检查制度、交接班制度、劳保用品发放以及安全奖惩制度等。

三、煤矿事故的案例分析

1. 松林煤矿"11.27"重大瓦斯爆炸事故

（1）案例描述。2014年11月27日凌晨3时52分，六盘水市盘县松河乡松林煤矿发生一起重大瓦斯爆炸事故，造成11人死亡、8人受伤，直接经济损失3003.2万元。松林煤矿为设计生产能力30万吨/年的小型生产矿井，属煤与瓦斯突出矿井。事故发生在1705工作面改造巷，该巷是因为1705采面下出口前方有一条落差2.2 m斜交正断层，拟掘1705工作面改造巷避开断层。11月27日凌晨1点30分，井下1705采面区域停电。1705工作面改造巷当班6名支护工到达作业点后发现1705工作面改造巷局部通风机停电，不能作业后升井；采煤队负责人和安全员到运输巷外面查找停电原因，此时在1705采面区域的人员为19人。此后，机电队长带领3名电工检查停电的原因，查明1703监控分站漏电，甩开分站电源后，约3时50分恢复送电。3时52分，发生瓦斯爆炸。

（2）原因分析

1）直接原因。根据事故调查报告，在井下监控分站电源漏电造成1705工作面区域停电后，1705工作面改造巷停风造成瓦斯积聚；恢复送电后，采取"一风吹"的方式将1705工作面改造巷内积聚的高浓度瓦斯压出；由于误启动1705改造巷开口往里4 m位置闲置的风机，变形叶片运转产生摩擦火花，造成瓦斯爆炸。其中误启动1705改造巷开口往里4 m位置闲置的风机就属于导致事故发生的不安全动作，即事故的直接原因，属于违章操作。

2）间接原因。在瓦斯超限后，操作失误启动1705改造巷开口往里4 m位置闲置的风机，变形叶片运转产生摩擦火花，造成瓦斯爆炸。在事故的直接原因"误操作"背后首先看到的是，工人对瓦斯超限时，随意启动风机可能造成的危害没有正确认识，这就是安全知识的缺乏，安全知识的不足导致对可能的危害预判不充分，也可能是工人日常经常这样做，但未引发事故，从而导致操作人员的安全意识不强，频繁地如此操作，形成不良的行为习惯，也可能是引起事故的间接原因，这就是细节决定成败的道理。在很多事故发生后，在对事故的调查中，都能发现其实事故中的"误操作""违规"已经出现多次，这些都是安全习惯不佳的表现，为事故埋下了隐患。

3）根本原因。事故的根本原因是煤矿内部安全管理的不完善或者落实不够，工人的安全知识的缺乏是内部的培训未达到应有的效果，而安全意识不强、安全习惯不佳是管理中未严格按照相关规定来执行。制定了安全管理制度后，不严格执行，则形同虚设，很多事故的背后不同程度地存在着安全管理落实不严格的问题，必须积极解决。本事故中的管理问题如下：

①局部通风、机电管理混乱。1705工作面改造巷局部通风机未采用"三专两闭锁"供电，未实现"双风机双电源"，1705采面区域停电后，造成1705工作面改造巷局部通风机停电，瓦斯超限后不能实现瓦斯电闭锁。事故当天，1705采面区域停电，未按规定将作业人员撤至安全区域。1705工作面改造巷掘进工作面与1705采面违反规定同时作业，未实现专用回风。停送电制度不落实，在未检查送电区域瓦斯的情况下，井下人员随意送电。安全管理不到位。未建立健全相应的管理制度，公司内设机构人员严重不足，未配备安全、机电、生产副总经理，公司安全监察部、生产技术部等业务部室只有1名负责人，无专业技术人员。

②安全管理制度不落实。矿级领导带班下井制度不执行，煤矿企业负责人和生产经营管理人员未按规定轮流带班下井，安排6名专职人员代替"五职"矿长带班下井；事故报告制度不落实，事故发生后，未按有关规定要求及时、如实报告事故。

③在内部管理不善的同时，外部监管部门对所属矿井监管也不到位。正如一些事故调查报告所述，虽然国家安全生产主管部门颁发了一系列的安全生产工作专项行动文件，但由于监管措施不落实，致使一些煤矿在开展安全专项行动中走了过场，这都是安全管理上的制度落实问题。

4）根源原因。通过对本事故的根本原因管理不完善、落实不到位等问题的分析，可以看到煤矿负责人未对安全文化的重要性有一个深刻的认识。现在很多煤矿负责人都是以效益为重，并不注重对安全文化的建设，管理者未认识到"安全创造经济效益""安全融入企业管理的程度"等安全文化要素的深刻含义，不能明白安全就是间接地创造效益，不仅管理者对安全文化的认识度不够，操作人员更是如此。所以安全文化的建立是一个自上而下需层层渗透的长期工作，这里也提醒安全文化的建立要从管理者入手。

2. 共升矿业有限公司"7.24"较大煤与瓦斯突出事故

（1）案例描述。2013年7月24日，娄底市新化县共升矿业有限公司发生一起较大煤与瓦斯突出事故，造成8人死亡、3人轻伤，直接经济损失950.2万元。该矿井为乡镇小型矿井，核定生产能力为8万吨/年，属煤与瓦斯突出矿井。事故发生当日中班，井下安排18人作业。其中：1236－Ⅱ补充回风巷5人、1236－Ⅱ补充回风上山5人、1235回采工作面进风巷2人、暗主井绞车司机1人、把钩工2人、安全副矿长1人、值班安全员1人、瓦斯检查员1人。14时30分作业人员下井，17时58分，1232探煤上山发生煤与瓦斯突出。突出后瓦斯逆流，导致1236－Ⅱ补充回风上山5人、1236－Ⅱ补充回风巷2人和瓦斯检查员1人在撤退过程中死亡。1236－Ⅱ补充回风巷另有3人在撤退至回风口时，感到全身乏力，当即用斧头将风筒砍断吹风，3人随后晕倒，25日4时，矿山救护队将遇难人员运送出井。

（2）事故原因分析

1）直接原因。该矿开采的3号煤层具有煤与瓦斯突出危险性，在3号煤层布置的1232探煤上山瓦斯地质条件复杂，掘进和揭煤期间没有采取综合防突措施，且巷道支护未紧跟掘进当头，停工后围岩长时间裸露，空顶冒落诱导煤与瓦斯突出。突出后高浓度瓦斯逆流，造成非批准作业区域的1236－Ⅱ补充回风上山和补充回风巷作业人员伤亡。通过此分析可知事故的直接原因是未采取防突措施、未及时支护（不安全动作），事故过程中表现为围岩长时间裸露，冒顶导致煤与瓦斯突出。

2）间接原因。该事故中违反《防治煤与瓦斯突出规定》，1232探煤上山在没有探明煤层赋存条件、地质构造和瓦斯的情况下，未采取防突措施，违章揭煤，操作工人对于采煤前要探明煤层的一系列相关条件，并采取防突措施可能有一定的了解，但是未必有很透彻的认识，所以事故发生可能是安全知识不足的体现，但也可能是虽知道可能出现危险，但是安全意识不够，所以导致了继续违章作业；自救器是矿井工人下井必带的安全设备，但该事故中下井人员没有随身携带自救器，这更是安全意识不强的表现。

3）根本原因。

①违章揭煤、未携带自救器是安全知识不足、安全意识不强的表现，而知识不足、意识不强是安全管理和体系建设的问题，包括采煤相关的安全知识培训不足，培训结果考核审查不严，在日常作业如本例中的揭煤等未进行严格的监督管理，未携带自救器更足以说明该矿井的管理松懈，所以日常培训和监督管理在保证安全生产中有着十分重大的意义。

②共升煤矿防突管理不到位。违反《防治煤与瓦斯突出规定》，1232 探煤上山在没有探明煤层赋存条件、地质构造和瓦斯的情况下，违章揭煤；下井人员没有随身携带自救器；1236－Ⅱ补充回风上山和补充回风巷未安装压风自救装置。

③共升煤矿通风瓦斯管理不到位。违反《煤矿安全规程》规定，1232 探煤上山停掘后，没有实施永久密闭，在 1236 回风下山起坡点处及 1236 回风巷东侧设置栅栏后，没有对 1236 回风巷进行检查和维修，巷道严重失修，导致突出后大量高浓度瓦斯逆流；1236 石门处的两组风门，以及穿过墙垛的风筒、水沟都不符合要求，未能有效阻止瓦斯逆流，造成风门外人员遇难。

④共升煤矿违规在非批准区域内组织作业。违反省煤炭管理局关于 9 万吨/年及以下煤与瓦斯突出煤矿停产整顿要求和县政府批准同意的整改方案，7 月 12 日起擅自安排人员在非批准的整改区域内（1236－Ⅱ补充回风上山和补充回风巷）作业。

4）根源原因。不采取防突措施，不及时跟进支护，导致违章揭煤，究其根本原因就是安全文化建设不完善的问题。基层工人对安全的重要程度、安全创造经济效益、安全法规的作用、安全检查的类型都没有正确和足够的认识，安全文化建设完善的重要不仅是表现在降低人员伤亡，也表现在企业的安全理念是充足完备的，并带来间接的经济效益，工人和管理层对安全法规的理解不仅可以帮助避免事故，也能完善其安全知识，提高安全意识。如果对这些安全文化要素有深刻理解，相信他们就不会违规作业，更不会不携带自救器，事故也就不会发生。

四、煤矿安全标志

煤矿常用的安全标志见表 8—1。

表 8—1　　　　　　　　　　常用煤矿安全标志

序号	标志图案	标志名称	标志含义
1		禁穿化纤服装	禁止穿着化纤衣服入井
2		禁止跳下	设置在跳下容易造成危险的场所，表示禁止向下跳跃
3		禁止乘坐输送带	胶带输送单元沿途人员可进入交叉口处设置，警示相关人员严禁乘坐
4		禁止跨越输送带	警告胶带输送单元沿途人员严禁跨越输送带
5		严禁井下睡觉	警告各工序各岗位工作人员严禁井下睡觉以免造成危险

续表

序号	标志图案	标志名称	标志含义
6		当心车辆	设在有车辆运行巷道，警告小心行驶的车辆
7		当心冒顶	设在井下冒顶危险区、假顶、巷道维修地段，表示当心可能发生冒顶
8		当心片帮	设在易片帮、滑坡地段，提醒当心片帮危险的出现
9		必须携带自救器	表示人员入井时必须携带自救器下井
10		必须佩戴防尘口罩	表示在输煤、喷浆、卸灰等生产现场必须佩戴防尘口罩作业

续表

序号	标志图案	标志名称	标志含义
11		电话	提示电话所在的位置
12		避硐室	提示井下通往避硐室的位置及其入口

注：参考的标准有 GB 2894—2008《安全标志及其使用导则》、AQ1017—2005《煤矿井下安全标志》、GB 2893—2008《安全色》。

第二节 电气安全

一、电气事故的种类

电气安全，一直是国家特别重视的一类安全保护，它直接关系着人们的生命财产安全。

电气事故按照电路状况，可以分成短路事故、断路事故、漏电事故等；按照灾害形式，可以分为人身事故、设备事故、火灾、爆炸等。考虑到事故是由局外能量作用与人体或系统内能量传递发生故障造成的，能量是造成事故的基本因素，可以采取按能量形式和来源进行分类的方法。这样，电气事故可分为触电事故、静电事故、雷电灾害、射频辐射危害、电路故障五类。

1. 静电事故

静电指生产工艺过程中和工作人员操作过程中，由于某些材料的相对运动、接触、分离等原因而积累起来的相对静止的正电荷和负电荷。这些电荷周围的场中储存的能量不大，不会直接使人致命。但是，静电电压可能高达数万乃至数十万伏，可能在现场发生放电，产生静电火花。在火灾和爆炸危险场所，静电火花是一个十分危险的因素。

2. 触电事故

触电事故是由电流的能量造成的。触电是电流对人体的伤害。电流对人体的伤害可以分为电击和电伤。绝大部分触电伤亡事故都含有电击的成分。与电弧烧伤相比，电击致命的电流小得多，但电流作用时间较长，而且在人体表面一般不留下明显的痕迹。

3. 雷电灾害

雷电是大气电，是由大自然的力量分离和积累的电荷，也是在局部范围内暂时失去平衡的正电荷和负电荷。雷电放电具有电流大、电压高等特点，其释放出来的能量可能产生极大的破坏力。雷击除可能毁坏设施和设备外，还可能直接伤及人、畜，也可能引起火灾和爆炸。

4. 射频辐射危害

射频辐射伤害即电磁场伤害。人体在高频电磁场作用下吸收辐射能量，使人的中枢神经系统、心血管系统等部件受到不同程度的伤害。射频辐射危害还表现为感应放电。

5. 电路故障

电路故障是由于电能传递、分配、转换失去控制造成的。断路、短路、接地、漏电、误合闸、误掉闸、电气设备或电气元件损坏等都属于电路故障。电气线路或电气故障可能影响到人身安全。

根据我国电气事故调查规程的规定，用电单位的电气事故一般分为以下四类：

（1）用电单位影响系统事故。当某一用电单位内部发生事故时，其他用电单位受牵连而突然断电或电力系统受影响而大量减负荷。

（2）全厂停电事故。由于用电单位内部事故造成的全厂停电。

（3）重大设备损坏事故。多指大工业企业（大用电户）的一次设备损坏，如受电主变压器以及变压器前的断路器和避雷器等的损坏。

（4）人身触电伤亡事故。由于用电单位的电气设备或电气线路发生故障（如绝缘损坏）等，造成人身触电，出现重伤或死亡事故。

二、影响电击伤害程度的因素

1. 通过人体电流的大小

（1）感知电流。使人体能够感觉到，但不遭受伤害的电流。感知电流通过人体时，人体有麻酥、灼热感。人对交、直流电流的感知最小值分别约为 0.5 mA、2 mA。

（2）摆脱电流。人体电击后能够自主摆脱的电流。摆脱电流通过人体时，人体除麻酥、灼热感外，主要是疼痛、心律障碍感。

（3）致命电流。人电击后危及生命的电流。电流对人体的伤害与流过人体电流的持续时间有着密切的关系。电流持续时间越长，电流对人体的危害越严重。另外人的心脏每收缩、舒张一次中间约有 0.1 s 的间隔，在这 0.1 s 的时间内，心脏对电流最敏感，若电流在这一瞬间通过心脏，即使电流很小，几十毫安也会引起心室颤动。显然电流持续时间越长，重合这段危险期的概率越大，危险性也越大。一般认为，工频电流 30 mA 以下及直流 50 mA 以下，对人体都是安全的，但如果持续时间很长，即使电流小到 8~10 mA，也可能使人致命。

2. 外加电压的高低

触电伤亡的直接原因在于电流在人体内引起的生理病变。显然，此电流的大小与作用于人体的电压高低有关。电压越高，电流越大，更由于人体电阻将随着作用于人体的电压升高而呈非线性地急剧下降，致使通过人体的电流显著增大，使得电流对人体的伤害更加严重。

安全电压（即允许接触电压）和人体阻抗的大小有关。关于人体阻抗的条件分类，国际电工委员会 IEC 所属建筑电气设备专门委员会将其分为三类。

第 Ⅰ 类是指住宅、工厂、办公室等一般场所，人体皮肤是干燥状态或因出汗皮肤呈潮湿状态，在接触电压作用下发生危险的可能性较高，这时取人体阻抗为 1 000 Ω，设定通过人体的电流为 50 mA，50 mA 与 1 000 Ω 的乘积为 50 V，这是此接触状态时的允许接触电压。中国、西欧及其他多数国家的安全电压采用此值。

第 Ⅱ 类是指人在隧道、涵洞、矿井下等高度潮湿的场所，人体出汗或因工作环境影响使皮肤受潮，经常还会发生双手与双脚二者接触凝露的电气设备金属外壳或构架等情况。这时皮肤潮湿而使皮肤阻抗低到可以认为接近于零（即可忽略其皮肤阻抗），人体阻抗仅剩 500 Ω 内阻抗。假设通过人体内部的电流为 50 mA，则 50 mA 和 500 Ω 的乘积为 25 V。现国际上对于允许接触电压按人体阻抗的条件进行分类时，将 25 V 作为其中的一个等级，这值接近于中国标准 GB/T 3805—2008 《特低电压（ELV）限值》等级分类中的 24 V。

第 Ⅲ 类是指人在游泳池、水槽或水池中，人体大部分浸入水里，皮肤完全浸透，这时基本上为体内阻抗 500 Ω，同时考虑有导致溺死的二次事故的危险，所以允许通过人体的电流应为摆脱阈，这样，允许的接触电压为 $0.01 \times 500 = 5$ V，这与 GB/T 3805—2008《特低电压（ELV）限值》中规定的安全电压 6 V 相近。如果在不考虑导致二次事故的场所，则可采用 12 V 的允许接触电压。

3. 人体阻值的大小

人体受到电击时，在接触电压一定时流过人体的电流由人体的电阻决定。人体电阻越小，流过的电流则越大，人体所遭受的伤害也越大。人体的不同部分，如皮肤、血液、肌肉、关节等，对电流呈现出一定的阻抗，即人体电阻，其大小不是固定不变的，而是决定于许多因素，如接触电压、电流途径、持续时间、接触面积、温度、压力、皮肤厚薄及完好程度、潮湿、脏污程度等。总的来讲，人体电阻由体内电阻和表皮电阻组成。

体内电阻是指电流流过人体时，人体内部器官所呈现的电阻。它的数值主要决定于电流的通路。当电流流过人体内不同部位时体内电阻呈现的数值不同。

表皮电阻是指电流流过人体时，两个不同电击部位（即皮肤上的电极和皮下导电细胞）之间的电阻之和。

4. 电流通过人体的持续时间长短

通电时间越长，电击伤害程度越严重。通电时间短于一个心脏周期时（人的心脏周期约为 75 ms），一般不至于有生命危险。但若触电正好开始于心脏周期的易损伤期，仍会发生心室颤动，一旦发生心室颤动，如无及时抢救，数秒钟至数分钟之内即可导致不可挽回的生物性死亡。

5. 电流通过人体的部位与途径

电流通过人体的部位与途径不同，使人体出现的生理反应及对人体的伤害程度是不同的。通过头部，会破坏脑神经，使人死亡；通过脊髓，就破坏中枢神经，使人瘫痪；通过肺部，会使人呼吸困难；通过心脏，会引起心脏颤动或停止跳动而死亡。这几种伤害中，以心脏伤害最为严重。根据事故统计可以得出：电流通过人体最危险的途径是从手到脚，其次是从手到手，危险最小的是从脚到脚，但可能导致二次事故的发生。当电流路径通过人体心脏时，其电击伤害程度最大。左手至脚的电流路径中，心脏直接处于电流通路内，因而是最危险的。右手至脚的电流路径的危险性相对较小。电流从左脚至右脚这一电流路径的危险性小，但人体可能因痉挛而摔倒，导致电流通过全身或发生二次事故而产生严重后果。

6. 电流种类及频率的影响

电流种类不同，对人体的伤害程度不一样。交流电比直流电危险程度略为大一些，频率很低或者很高的电流触电危险性比较小些。当电压为 $250 \sim 300$ V

时，触及频率为 50 Hz 的交流电比触及相同电压的直流电的危险性大 3～4 倍。不同频率的交流电流对人体的影响也不相同。通常 50～60 Hz 的交流电，对人体危险性最大。低于或高于此频率的电流对人体的伤害程度要显著减轻。电流的高频集肤效应使得高频情况下电流大部分流经人体表皮，避免了对内脏的伤害，所以生命危险小些，但高频率的电流通常以电弧的形式出现，因此有灼伤人体的危险。

7. 人体状态的影响

电流对人体的作用与人的年龄、性别、身体及精神状态有很大关系。一般情况下，女性比男性对电流敏感，小孩比成人敏感。在同等电击情况下，妇女和小孩更容易受到伤害。此外，患有心脏、精神病、结核病、内分泌器官疾病或酒醉的人，因电击造成的伤害都将比正常人严重。相反，一个身体健康、经常从事体力劳动和体育锻炼的人，由电击引起的后果相对会轻一些。

三、电气事故的案例分析

1. 安丰钢铁有限公司"2.16"吊装作业触电事故

（1）案例描述。2013 年 2 月 16 日上午 11 点 24 分，昌黎县秦皇岛安丰钢铁有限公司第二炼钢厂发生吊装作业触电致人死亡事故，事故造成 1 人死亡，直接经济损失 75 万元。2 月 15 日秦皇岛安丰钢铁有限公司计划对 3 号高炉进行停产检修，第二炼钢厂厂长要求对需要检修或更换的设备进行组织安排。2 月 16 日工人张某自行安排更换除尘泵站沉淀池的两台水泵，按照吊车司机的要求，吊钩回位后，在现场待机等候；此时吊钩移至沉淀池的西侧，距离地面大约 0.3 m，现场维修工按照分工分别对水泵进行安装。11 点 24 分左右，工人侯某未经现场指挥和吊车司机同意，双手拉起吊钩就往第二个水泵（高压线方向）拽，吊车司机见他拉钩急忙大声制止，但侯某不听劝阻，继续拉拽吊钩，致使吊钩顶端钢丝绳触击高压线，将正在拉拽吊钩的侯某击倒在地。

（2）事故原因分析

1）直接原因。经事故调查认定死者擅自进入吊装作业区域进行冒险作业，导致触电而发生了此次事故。不安全动作即是擅自进入吊装作业区域进行冒险作业，此即为导致事故的直接原因。

2）间接原因。间接原因是安全意识不强。汽车吊装跨越高压（10 kV 高压）线作业未采取安全防护措施，未制定详细的汽车吊装跨越高压线作业方案，在作业过程中，未采取任何防护措施。作业人员安全意识低下，死者未经现场指挥和吊车司机同意，贸然双手拉起吊钩，也没有对事故有足够的预判，这可能是由于工作的不良习惯导致了死者没有对工作中的危险有一个正确的估计，同样是安全意识不足。所以安全意识不足是导致该事故的间接原因。

3）根本原因。现场指挥和吊车司机在吊车作业工程中未按正常的程序采取保护措施，管理程序落实不到位，作业组织者未经请示领导和征得相关人员同意，未经授权擅自代替其他管理审批人员在作业票上签字，致使汽车吊装作业票形同虚设，对危险状况估计不足、管理措施缺失。安丰公司未严格按照国家相关法律法规的有关规定，督促、检查、落实吊装作业票管理制度，对作业现场的安全监督管理不到位，所以该起事故是由于没有按照规定执行正常的程序导致的。所以根本原因是未执行安全管理程序和措施。

4）根源原因。该事故中，可发现制定与落实相关安全管理程序是两码事，制定了措施未落实是本事故的根本原因，根源原因是观念未转变，如果现场指挥和吊车司机把安全作为操作中的重中之重，就会采取相关的措施来加强防护，事故就不会发生，如果死者在拉起吊钩前能够想想这样做是否安全，就不会丧失生命，所以必须建立正确的安全的观念。本事故的根源原因是安全文化建设不够，从而没能改变工人的安全观念。

几乎所有的企业都有相关的安全管理规定、措施、程序等，尤其在本案例的高危行业中，但是如本例中的原因分析所呈现的那样，没有落实安全管理规定、措施、程序是一个很严重并且很普遍的问题，所以如何落实才是一个关键的企业亟待解决的问题，要让员工去落实措施、程序，就要让他们从心底里去认识安全的重要性、安全事故的严峻性、事故给员工带来的巨大伤害，让他们认识到事故的本质等。要改变思想就要改变观念，就要通过加强培训或者各种形式的考核、活动建设安全文化氛围。

2. 河北国盛管道装备制造有限公司"6.29"触电事故

（1）案例描述。2013 年 6 月 29 日 11 时 36 分，河北国盛管道装备制造有限公司发生一起建筑施工人员在施工过程中触电后高处坠落事故，导致一人死亡，直接经济损失 52 万元。2013 年 6 月 29 日，星某在海兴县找来两名钢筋工，以整个上圈梁 1 000 元的价格分包给两人进行钢筋绑扎工作。当日 11 时许，两人施工到该施工楼二楼东南角时，其中一人不慎把直径 10 mm×700 mm 的螺纹钢筋触到距离该施工楼东墙 1.7 m 的 10 kV 高压线上，当时高压电流把其击落至该施工楼二楼地板上，坠落时头部着地又造成了二次伤害，后经治疗无效死亡。

（2）事故原因分析

1）直接原因。经调查发现，施工人员在作业施工过程中违规操作，不慎将直径 10 mm×700 mm 的螺纹钢筋触到距离该施工楼东墙 1.7 m 的 10 kV 高压线上导致其触电，并且施工人员未配备安全帽、安全带、绝缘手套等劳动防护用品。该事故中的不安全动作是不慎将钢筋接触到高压线、未佩戴劳动防护用品，即为事故的直接原因。

2）间接原因。安全防护用品是指保护劳动者在生产过程中的人身安全与健康所必备的一种防御性装备，对于减少职业危害起着相当重要的作用，是保护工人安全的重要保障。该工人没有佩戴安全帽、安全带、绝缘手套等劳动防护用品，可以表明该工人安全意识极差，基本的自我保护都没有做到，另外事故中的"不慎"接触到高压线，可能是不良好的作业习惯造成的。高危作业需要极高的安全意识和安全知识，如此类不慎事件在培训中和工作中一定要尽量避免。

3）根本原因。该工人没有佩戴安全帽、安全带、绝缘手套等劳动防护用品，竟然能够上岗作业，首先说明企业的监督管理不到位，不佩戴安全防护用具是一个很严重但也很容易解决的问题，严重是指因为没有了这道屏障，可能发生事故，容易是指表现在解决该问题的方法上，只要日常工作中监管人员能够及时发现并制止，应该就不会出现这种问题；其次也表明工人的安全教育体系没有起到应有的效果，所以培训管理体系有问题，培训是获取安全知识、培养安全意识的有效途径；事故调查还发现施工作业面下无水平防护（安全平网），缺乏有效的防坠落措施，所以企业的保护管理措施存在极大漏洞。所以此事故的根本原因依然是安全管理体系的问题。

4）根源原因。安全管理体系不完善的根源原因是思想观念不到位，要转变观念就要对安全文化有一个充足的认识，如安全文化要素中"安全主要取决于安全意识"就说明提高安全意识是主要的工作，是很重要的，"安全的重要程度"其实就是指管理层和工作人员对安全的重视程度，如果足够重视安全，安全意识自然就会提高，违规、违章行为就会减少，"员工的参与程度"指基层的操作人员在工作中是否时时以安全为重，"安全培训的需求程度"指企业人员对工作中出现问题的一个判断，因此安全文化建设十分重要。

四、电气安全标志

常用的电气安全标志见表8—2。

表8—2 常用电气安全标志

序号	标志图案	标志名称	标志含义
1		禁止靠近	禁止靠近高压危险区域
2		禁止合闸	禁止在线路检修时合闸
3		禁止触摸	禁止触摸设备
4		当心触电	提醒可能发生触电危险
5		当心电缆	提醒此处可能有接触电缆危险
6		必须穿防护靴	在易发生脚部伤害处必须穿防护靴

续表

序号	标志图案	标志名称	标志含义
7		必须戴防护手套	在易发生手部伤害处必须戴防护手套
8		必须接地	防雷、防静电场所必须接地
9		必须拔除插头	设备维修、产期停用时必须拔除插头
10		在此工作	指明工种或者岗位的作业地点和范围
11		安全通道	提示安全通道的位置

注：参考的标准有 GB 2894—2008《安全标志及其使用导则》、GB 2893—2008《安全色》、GB/T 29481—2013《电气安全标志》。

第三节　机械安全

一、机械安全基本概念

机械安全是指从人的安全需要出发，在使用机械全过程的各种状态下，达到使人的身心免受外界因素危害的存在状态和保障条件。机械安全状态是实现机械系统安全的基本前提和物质基础。

机械的安全功能是指机械及其零部件的某些功能是专门为保证安全而设计的，它主要分为主要安全功能和辅助安全功能两大类。

1. 主要安全功能

这种功能是指出现故障时会立即增加伤害风险的机械功能。主要安全功能又分为特点安全功能和相关安全功能两种。

（1）特点安全功能：通过预期达到特定安全的主要安全功能。例如，防止机器意外启动的功能（这种功能一般都是通过与防护装置联用的连锁装置来实现的），单循环功能，双手操纵功能。

（2）相关安全功能：除特定安全功能以外的主要安全功能。例如，机器进行设定时通过旁路（或抑制）安全装置（使其不起作用），对危险机构的手动控制功能，保持机械在安全运行限制中的速度和温度控制的功能等。

2. 辅助安全功能

这种功能是指出现故障时不会立即增加或产生危险，而会降低安全程度的机器功能。辅助安全功能的明显例子是对某种主要安全功能的自动监控功能。自动监控功能发生故障是不会马上产生危险的，因为主要安全功能还能起作用，除非主要安全功能也同时出现故障。配置辅助安全功能的目的就是在主要安全功能万一出现故障时能采取相应的防范措施。若辅助安全功能不起作用了，就等于少了一道防线，降低了安全程度。

二、机械设备的危害部位和危险有害因素

危险有害因素的分类有多种方法，我国劳动安全卫生领域长期沿用的分类方法是按客体对人体的不利影响，根据作用的时间特点和后果，分为危险因素和有害因素两类。危险因素是指导致人员伤亡的直接因素，强调危险事件的突发性和瞬间作用，如物体打击、切割、电击、爆炸等；有害因素是指影响健康，导致人员患病的间

接因素，强调损伤在一定时间和范围内的累积作用效果，如粉尘、振动、有毒物等。

根据 ISO 国际标准，参考工业发达国家的普遍做法，对机械加工设备及其生产过程中的不利因素，不再细分危险与有害因素，一律称为危险有害因素。因为实际情况中，同一危险有害因素往往由于存在的量、作用时间和空间范围不同，有时导致瞬间直接的人身伤害，有时引起职业病，有时两者兼而有之。

机械的危害有运动部件的危害、静止的危害和其他危害。

1. 运动部件的危害因素

这种危害主要来自机械设备的危险部位，包括：

（1）旋转的部件，如旋转的轴、凸块和孔，旋转的连接器、心轴，以及旋转的刀夹具、风扇叶、飞轮等。

（2）旋转的部件和成切线运动部件间的咬合处，如动力传输皮带和它的传动轮、链条、链轮等。

（3）相同旋转部件间的咬合处，如齿轮、轧钢机、混合轮等。

（4）旋转部件和固定部件间的咬合处，如旋转搅拌机、无保护开口外壳的搅拌机装置等。

（5）往复运动或滑动的危险部位，如锻锤的锤体、压力机械的滑块、剪切机的刀刃、带锯机边缘的齿等。

（6）旋转部件与滑动件之间的危险部位，如某些平板印刷机面上的机构、纺织机构等。

2. 静止的危害因素

静止的切削刀具与刀刃，突出的机械部件，毛坯、工具和设备的锋利边缘及表面粗糙部分，以及引起滑跌坠落的工作台平面等。

3. 其他危害因素

飞出的刀具、夹具、机械部件，飞出的切屑或工件，运转着的加工件打击或绞轧等。

机械设备的危险有害因素如图 8—1 所示。

三、实现机械安全的途径

机械安全的源头是设计，在机械设备整个寿命周期内任何环节的安全隐患，都可能导致使用阶段的安全事故发生。不应发生由于机械设备自身缺陷所引起的、目前已为人们认识的各类危及人身安全的事故和对健康造成损害的职业病。机械安全只有在机械"寿命"的各阶段，通过不同的安全措施来实现。

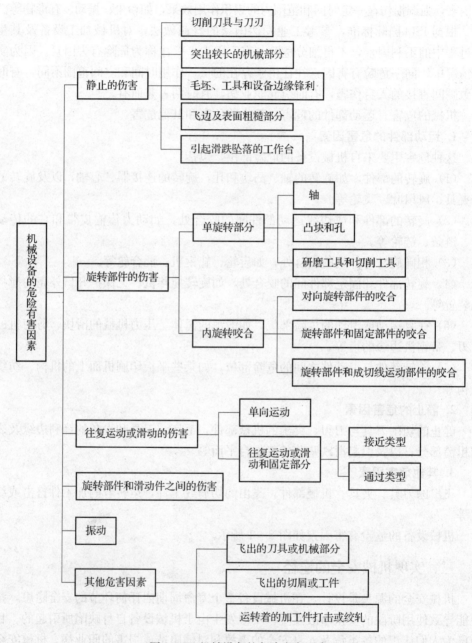

图 8—1　机械设备的危险有害因素

1. 在设计阶段采取的安全措施

机械设备的设计应优先考虑安全卫生技术上的要求。通过设计减小风险应遵循以下两个基本途径：选用适当的设计结构，尽可能避免危险或减小危险；通过减少对操作者涉入危险区的需要，限制人们面临危险的可能性。并应按下列顺序选择安全卫生技术措施：

（1）直接安全技术措施。本质安全技术，是指在机械的功能设计中采取的、不需要额外的安全防护装置，而直接把安全问题解决的措施，因此也称为直接安全技术措施。本质安全技术是机械设计优先考虑的措施。

机械设备本身应具有本质安全卫生性能，通过采用本质安全技术与动力源、材料和物质的安全性、设计安全的控制系统、履行安全人机学的要求等措施，来保证机械设备在使用时，即使在异常情况下，也不会出现任何危险和产生有害作用。

（2）间接安全技术措施。当直接安全技术措施不能实现或不能实现完全时，必须在生产设备总体设计阶段设计出一种或多种专门用来保证人员安全的装置，也称为间接安全技术措施。

（3）提示性安全技术措施。本质安全技术和安全防护都不能有效预防的风险，可通过使用文字、标记、信号、符号、图表等信息进行具体说明，提出警告，将遗留风险告知用户，提供指示性安全技术措施。

（4）附加预防措施。附加预防措施包括两部分：第一部分是着眼于紧急状态的预防措施，如急停措施、逃离路线或屏障、躲避或援救保护措施等；第二部分是附加措施，如机械的可维修性、断开动力源和能力泄放的措施、机械及其重型零部件容易而安全的搬运措施、安全进入机械的措施、机械及其零部件的稳定性措施等。

2. 由用户采取的安全措施

安全最终是在机械的运行阶段来体现的，由用户采取的安全措施包括以下几方面：

（1）个人劳动防护装备。个人劳动防护装备是保护劳动者在机器的使用过程中的人身安全与健康所必备的一种防御性装备，在意外事故发生时对避免或减轻伤害能起到一定的作用。按防护部位的不同，分为九大类：安全帽、呼吸护具、眼防护具、听力护具、防护鞋、防护手套、防护服、防坠落护具和护肤用品。

（2）作业场地与工作环境的安全性。作业场地与工作环境是指利用机械进行作业活动的地点、周围区和通道，包括机器布局、安全距离、安全通道、作业条件，应无安全隐患，符合规定的安全标准。

（3）安全管理措施。安全管理措施包括对人员的安全教育和培训，建立安全规章制度，对设备（特别是重大危险设备）的安全监察等。

需要强调说明的是，由用户采取的安全措施对减小设计的遗留风险是非常重要的，但是不能因此降低对机械设计的安全要求，更不能用来代替应该在设计阶段采取的安全措施。

四、机械事故的案例分析

1. 秦皇岛骊骅淀粉股份有限公司"2.3"机械伤害事故

（1）案例描述。2013年2月3日中午12时10分，秦皇岛骊骅淀粉股份有限公司淀粉三车间浸渍东净化工段3号仓发生机械伤害事故，造成1人死亡，直接经济损失80万元。事故发生当日上午9时，送料3号仓发生堵塞，骊骅公司装卸队工人刘某配合杨某到玉米3号仓下料口通料。当日中午11时55分，杨某与刘某在一起吃午饭时发现送料3号仓再次发生堵塞，杨某让刘某去通料，刘某通完料后回休息室吃饭时送料3号仓又发生堵塞，杨某去通料。12时10分左右，刘某吃完饭去帮助杨某通料，走到送料3号仓时，发现送料传送带及电机停止转动，看到杨某侧躺在皮带底下，头部夹在皮带与电机滚轮之间，后抢救无效死亡。

（2）事故原因分析

1）直接原因。经事故调查发现，送料工杨某违反作业规定，在送料仓严重堵塞的情况下未停车实施通料作业，并在未停车的情况下戴手套冒险到传送带附近实施清理作业，不慎被卷入皮带和滚轮之间，导致其胸部被挤压而死亡。所以该起事故的不安全动作是未停车实施通料作业、冒险到传送带附近实施清理作业，这是导致事故发生的直接原因。

2）间接原因。骊骅公司淀粉三车间二班带班长、工段长负责本班、本工段生产及安全管理工作，安全管理不严格、安全检查不彻底，本班、本工段工人习惯性违章现象经常存在。送料仓严重堵塞，该工人没有去停车就进行通料作业，说明工人安全意识极差，没有对可能发生的危险有一个正确的认识，并且很可能在日常工作中经常如此违规作业，习惯性的不良作业也降低了工人的安全意识，这是一个恶性循环，另外第二个不安全动作冒险到传动带附近清理作业，也是上述分析的佐证，所以本事故的间接原因是工人的安全意识差、安全习惯不佳。

3）根本原因。根本原因是车间安全生产管理不到位，且未在送料作业岗位、有关危险设施设备上设置明显的安全警示标志。在日常安全巡检中未能及时发现并纠正作业工人在送料仓发生严重堵塞的情况下未采取停车措施实施通料作业，在未停车的情况下到仓底传送带附近实施清理作业,以致形成不良的习惯。车间安全检查不到位,没有及时检查发现安全设施不完善、工人习惯性违章、危险设施设备安全警示标志设置不足等安全隐患,并及时改正。

4) 根源原因。根源原因是安全理念的缺失,即没有完善的安全文化建设,没有在危险区域设置警示标志,未经培训的员工上岗,这都是企业未将安全的理念贯彻到工作中的表现,日常不注重安全,事故就难以避免,安全文化一定意义上就是安全氛围,工人在这个氛围下工作,思想和行为就会受到安全氛围的影响。没能及时发现工人的违规操作并制止,就是监督的问题,就是管理层没有把安全放在心里,监督者不重视安全,管理者不重视安全,基层工人也不关注安全,此次偶然的事故中是有一定的必然性的,所以要加强安全理念的培养。

2. 邯黄铁路海兴段"4. 17"机械伤害事故

(1) 案例描述。2013 年 4 月 17 日 13 点 30 分,邯黄铁路海兴段 DK331+566 框架涵地段,拆除打桩机过程中,桩机架发生断裂,致一人死亡,直接经济损失 40 余万元。事故发生当日,邯黄铁路海兴段 DK331+566 框架涵地段打桩作业施工完毕,11 时左右,陈某与边某核对账目后,陈某向边某申请吊车拆卸水泥搅拌打桩机(打桩机是利用冲击力将桩贯入地层的桩工机械,由桩锤、桩架、附属设备等组成。事故发生地的桩架约 15 m,共三节)。自 12 时 30 分开始至 13 时左右,打桩机已基本拆完,打桩机桩架倾放在架子上(与桩基相连处为第一节),由 16 根螺丝相连接,此时桩架第二、三节悬空。此时陈某正在其下拆卸链条,桩架第二节与第一节处的螺母突然折断,桩架直接砸在陈某肩头。

(2) 事故原因分析

1) 直接原因。经调查发现,施工队未在桩架下作支承防护。施工队在拆卸、放平桩架后,未按安全操作规程在悬空桩架处增加钢管支承,致使出现了悬空桩架与桩基的杠杆状态,在重力作用下,螺母折断,桩架径直落下砸在此时正在其下拆卸链条的陈某身上。所以不安全状态是悬空的桩架未作支承防护,不安全动作是陈某冒险作业,此即为事故的直接原因。

2) 间接原因。施工队未在桩架下作支承防护,可能是施工队根本就不具备相关的知识,仅凭经验作业,也可能是施工队的安全意识不足,没有对此类违规行为有一个正确的判断,还可能是施工队具备相关知识,但是没有良好的作业习惯,存在侥幸心理,安全意识淡薄,冒险在未作支承防护的桩架下拆卸链条,也是安全意识不强的表现。

3) 根本原因。根本原因是管理出现漏洞。事故调查发现,施工队存在"三无"

安全问题。该工程直接负责人，未经任何安全培训，不具备与该工作相关的安全生产知识，施工队和黄骅腾跃路桥工程有限公司没有落实安全管理程序，管理混乱，也没有相关的安全管理措施。同时从施工队进驻到事故发生，该公司未对员工进行安全培训，未进行过一次安全检查和隐患排查，所建立的安全生产规章制度形同虚设，只重生产，无视安全，这都是安全管理制度的漏洞。

4）根源原因。通过上述对安全管理中的诸多漏洞的分析可知，在本案例中，管理层对"安全融入管理的认识""安全制度执行一致性""安全主要取决于安全意识""管理层负责程度的认识"等安全文化要素都没有深刻的理解。

安全管理，主要是组织实施企业安全管理规划、指导、检查和决策，同时，又是保证生产处于最佳安全状态的根本环节，所以对安全融入管理的认识等安全文化要素的认识很重要。同时对于安全法规一定要认真落实，不能止于认识的层面；安全意识的提高表明安全思维的逐渐形成，此时才会真正安全起来。如果把一个企业比作一条船，管理层就是掌舵人，掌舵人的指挥就决定了船的航行是否安全。安全主要取决于安全意识，有了良好的安全意识，才会培养良好的行为习惯，所以应该着力去培养工人的安全意识，从而预防事故。

五、机械安全标志

常用的机械安全标志见表 8—3。

表 8—3　　　　　　　　　　　常用机械安全标志

序号	标志图案	标志名称	标志含义
1		禁止转动	禁止非专人转动设备
2		禁止启动	禁止启动暂停使用的设备

序号	标志图案	标志名称	标志含义
3		禁止蹬踏	禁止蹬踏易坠落、翻转的设备表面
4		注意安全	当心此处可能会有危险
5		当心机械绞伤	当心可能发生机械绞伤危险
6		当心自动启动	当心配有自动启动装置的设备
7		当心机械伤人	当心易发生机械卷入、轧压、剪切伤害

一、特种设备的分类

1. 承压类特种设备

（1）锅炉，是指利用各种燃料、电或者其他能源，将所盛装的液体加热到一定的参数，并通过对外输出介质的形式提供热能的设备，其范围规定为：设计正常水位容积大于或者等于 30 L，且额定蒸汽压力大于或者等于 0.1 MPa（表压）的承压蒸汽锅炉；出口水压大于或者等于 0.1 MPa（表压），且额定功率大于或者等于 0.1 MW 的承压热水锅炉；额定功率大于或者等于 0.1 MW 的有机热载体锅炉。

（2）压力容器，是指盛装气体或者液体，承载一定压力的密闭设备，其范围规定为：最高工作压力大于或者等于 0.1 MPa（表压）的气体和液化气体、最高工作温度高于或者等于标准沸点的液体、容积大于或者等于 30 L 且内直径（非圆形截面指截面内边界最大几何尺寸）大于或者等于 150 mm 的固定式容器和移动式容器；盛装公称工作压力大于或者等于 0.2 MPa（表压），且压力与容积的乘积大于或者等于 1.0 MPa·L 的气体和液化气体、标准沸点等于或者低于 60℃的液体的气瓶；氧舱。

（3）压力管道，是指利用一定的压力，用于输送气体或者液体的管状设备，其范围规定为：最高工作压力大于或者等于 0.1 MPa（表压），介质为气体、液化气体、蒸汽或者可燃、易爆、有毒、有腐蚀性、最高工作温度高于或者等于标准沸点的液体，且公称直径大于或者等于 50 mm 的管道。公称直径小于 150 mm，且其最高工作压力小于 1.6 MPa（表压）的输送无毒、不可燃、无腐蚀性气体的管道和设备本体所属管道除外。其中，石油天然气管道的安全监督管理还应按照《安全生产法》《石油天然气管道保护法》等法律法规实施。

2. 机电类特种设备

（1）电梯，是指动力驱动，利用沿刚性导轨运行的箱体或者沿固定线路运行的梯级（踏步），进行升降或者平行运送人、货物的机电设备，包括载人（货）电梯、自动扶梯、自动人行道等。非公共场所安装且仅供单一家庭使用的电梯除外。

（2）起重机械，是指用于垂直升降或者垂直升降并水平移动重物的机电设备，其范围规定为：额定起重量大于或者等于 0.5 t 的升降机；额定起重量大于或者等于 3 t（或额定起重力矩大于或者等于 40 t·m 的塔式起重机，或生产率大于或者等于 300 t/h 的装卸桥），且提升高度大于或者等于 2 m 的起重机；层数大于或者等于 2 层的机械式停车设备。

（3）客运索道，是指动力驱动，利用柔性绳索牵引箱体等运载工具运送人员的机电设备，包括客运架空索道、客运缆车、客运拖牵索道等。非公用客运索道和专用于单位内部通勤的客运索道除外。

（4）大型游乐设施，是指用于经营目的，承载乘客游乐的设施，其范围规定为：设计最大运行线速度大于或者等于 2 m/s，或者运行高度距地面高于或者等于 2 m 的载人大型游乐设施。用于体育运动、文艺演出和非经营活动的大型游乐设施除外。

（5）场（厂）内专用机动车辆，是指除道路交通、农用车辆以外仅在工厂厂区、旅游景区、游乐场所等特定区域使用的专用机动车辆。

特种设备包括其所用的材料、附属的安全附件、安全保护装置和与安全保护装置相关的设施。

二、特种设备一般安全操作规程

1. 设备运行前，做好各项运行前的检查工作，包括电源电压、各开关状态、安全防护装置以及现场操作环境等。发现异常应及时处理，禁止不经检查强行运行设备。

2. 设备运行时，按规定严格做好运行记录，按要求检查设备运行状况以及进行必要的检测；根据经济实用的工作原则，调整设备处于最佳工况，降低设备的能源消耗。

3. 当设备发生故障时，应立即停止运行，同时立即上报主管领导，并尽快排除故障或抢修，保证正常经营工作。严禁设备在故障状态下运行。

4. 因设备安全防护装置动作，造成设备停止运行时，应根据故障显示进行相应的故障处理。一时难以处理的，应在上报领导的同时，组织专业技术人员对故障进行排查，并根据排查结果，抢修故障设备。禁止在故障不清的情况下强行送电运行。

5. 当设备发生紧急情况可能危及人身安全时，操作人员应在采取必要的控制措施后，立即撤离操作现场，防止发生人员伤亡事故。

三、特种设备事故的案例分析

1. 河北景化化工有限公司"2. 21"1 号锅炉排污包焊管爆裂事故

（1）案例描述。2014 年 2 月 21 日凌晨 1 时 05 分，位于河北省衡水景县境内的河北景化化工有限公司 1 号锅炉发生一起排污包焊管爆裂事故，造成 2 人死亡，直接经济损失 207 万元。事发前日，河北景化化工有限公司水汽工段工艺员发现 1 号锅炉二层平台排污管阀门前端法兰与排污管焊接处有漏点，并有蒸汽泄漏，随即上报工段长和设备主管，设备主管通知工段技术员安排维修班长和维修工对漏点进行维修，但未堵住，且漏点扩大为裂纹。随即开始采用包焊维修作业，21日凌晨0时30分左右，维修班长将包焊管焊接完毕后回家吃饭，设备主管和工段技术员留在现场加装盲板封堵，21日凌晨1时05分，两人上紧盲板的6个螺栓时（共8个螺栓），包焊管发生爆裂，造成设备主管和工段技术员死亡。

（2）原因分析

1）直接原因。水汽工段设备主管、技术员违反该公司《锅炉岗位安全操作规程》，在1号锅炉没有停炉、降温、泄压的情况下，指挥并参与排污管漏点的堵漏维修，这是造成事故发生的直接原因。

2）间接原因。造成案例中设备主管人员违规操作和违规指挥这些不安全动作发生的原因，可能是相关人员不了解相关的作业规程，或者不知道违规操作可能带来的严重后果，这实际上是安全知识掌握不足的表现；也可能是相关人员在进行操作时未充分评估违规操作、违章指挥等不安全动作可能带来的严重后果，这些可归为违规者的安全意识不强；还可能是由于该设备主管和相关人员在日常的管理和维护中就习惯性地违规操作和指挥，养成了不良的操作习惯所致。据以上的分析可知，造成该起事故的间接原因是习惯性行为（安全知识、安全意识和安全习惯）的缺失。

3）根本原因。该设备主管和维修人员的习惯性行为失当，其原因在于组织的规章执行上存在问题，其对员工安全教育及培训不到位，该公司对转岗人员未进行安全教育及培训，每年对从业人员的再培训流于形式，导致从业人员安全防范意识差，不能严格按照规章制度和操作规程进行作业。同时，管理人员未履职尽责，对违章行为未加制止，该公司设备部部长、设备专员、水汽工段工段长在明知水汽工段设备主管、技术员等人违章作业的情况下均未加以制止。这种安全管理体系和组织的缺陷是事故发生的根本原因。

4）根源原因。根源原因是根本原因的原因，该企业管理体系不完善的原因是思想认识不到位。该企业主体责任不落实，安全生产管理不到位，致使管理人员安全生产法律意识淡薄，安全生产管理制度和操作规程形同虚设，导致有章不循、违章作业问题时有发生，直至发生死亡事故。企业对"安全融入管理制度"和"管理层负责安全程度"等理念没有深入的认识和理解，而现场作业人员对"安全决定安全意识"等安全文化元素缺乏认识和理解。这是导致事故发生的根源原因。

2. 武汉市东湖生态旅游风景区 "9. 13" 重大建筑施工事故

（1）案例描述。2012 年 9 月 13 日 13 时 10 分许，武汉市东湖生态旅游风景区东湖景园还建楼（以下简称 "东湖景园"）C 区 7－1 号楼建筑工地，发生一起施工升降机坠落造成 19 人死亡的重大建筑施工事故，直接经济损失约 1 800 万元。事发当日，升降机司机将东湖景园 C7－1 号楼施工升降机左侧吊笼停在下终端站，按往常一样锁上电锁拔出钥匙，关上护栏门后下班。当日 13 时 10 分许，升降机司机仍在宿舍正常午休，提前到该楼顶楼施工的 19 名工人擅自将停在下终端站的 C7－1 号楼施工升降机左侧吊笼打开，携施工物件进入左侧吊笼，操作施工升降机上升。该吊笼运行至 33 层顶楼平台附近时突然倾翻，连同导轨架及顶部 4 节标准节一起坠落地面，造成吊笼内 19 人当场死亡。

（2）原因分析

1）直接原因。该起事故的直接原因是：19 名工人在升降机司机不在的情况下擅自开启施工用升降机使用，致使事故升降机左侧吊笼超过备案额定承载人数（12 人），承载 19 人和约 245 kg 物件，产生的倾翻力矩大于对重体、导轨架等固有的平衡力矩，造成施工升降机左侧吊笼顷刻倾翻，最终酿成事故。

2）间接原因。上述违章开启升降机就是该起事故的不安全动作，导致该不安全动作的原因是该施工工地的作业人员安全意识不强，没有意识到违章开启升降机可能带来的严重后果；同时对于升降机的额定载重等安全知识并不了解，就盲目启动；还可能是在该起事故之前也发生过违章开启升降机的行为，但是未造成事故，于是心存侥幸心理，未意识到一次违章就可能导致严重事故，养成习惯性的不安全操作行为。针对以上的分析，可以得知，本次事故的间接原因是安全知识不足、意识不强和习惯不佳，应进行有针对性的培训和训练。

3）根本原因。该公司管理混乱，将施工总承包一级资质出借给其他单位和个人承接工程；使用非公司人员××的资格证书，在投标时将××作为东湖景园项目经理，但未安排××实际参与项目投标和施工管理活动；未落实企业安全生产主体责任，安全生产责任制不落实，未与项目部签订安全生产责任书；安全生产管理制度不健全、不落实，培训教育制度不落实，未建立安全隐患排查整治制度；对东湖景园施工和施工升降机安装使用的安全生产检查和隐患排查流于形式，未能及时发现和整改施工升降机存在的重大安全隐患。上述问题是导致事故发生的根本原因。

现场负责人及大部分安全员不具备岗位执业资格；安全生产管理制度不健全、不落实，在东湖景园无 "建设工程规划许可证" "建筑工程施工许可证" "中标通知书"和"开工通知书"的情况下，违规进场施工，且施工过程中忽视安全管理，现场管理混乱，并存在非法转包；对施工人员私自操作施工升降机的行为，批评教育不够，制止管控不力；公司内部管理混乱，起重机械安装、维护制度不健全、不落实，施工升降机加节和附着安装不规范，安装、维护记录不全不实；安排不具备岗位执业资格的员工负责施工升降机的维修保养。

4）根源原因。根源原因在于该建设施工单位的安全文化建设力度不够，对于安全问题的思想认识不到位，在实际的工作过程中重视施工的进度和效益而忽略安全工作的开展。施工建设单位是否认识到了"安全融入企业管理的程度""安全主要取决于安全意识"等安全文化元素或理念，决定了其企业安全管理体系程序文件的完善程度和执行状况。对安全文化元素的认识程度就是对安全文化建设水平的反映，可以反映出组织行为的运行效果。所以在本事故的案例中，如果该单位对企业安全文化元素认识充分，安全管理体系就会健全，进而可使员工在生产作业过程中安全进行操作，事故就不会发生。

四、特种设备常用安全标志

特种设备常用的安全标志见表8—4。

表8—4 特种设备常用安全标志

序号	标志图案	标志名称	标志含义
1		禁止叉车和厂内机动车辆通行	禁止叉车和其他厂内机动车辆通行的场所
2		禁止乘人	乘人易造成伤害的设施，如室外运输吊篮、外操作载货电梯框架等

序号	标志图案	标志名称	标志含义
3		禁止启动	禁止启动暂停使用的设备，如设备检修、更换零件等
4		禁止攀爬	禁止攀爬的危险地点，如有坍塌危险的建筑物、构筑物、设备旁
5		当心自启	当心配有自动启动装置的设备
6		当心吊物	有吊装设备作业的场所，如工地、港口、码头、仓库、车间等
7		当心叉车	有叉车通行的场所

续表

序号	标志图案	标志名称	标志含义
8		必须系安全带	厂区内高处作业必须系安全带
9		必须走人行道	厂区内有专用车辆通行，为避免危险，行人必须走人行道

注：参考的标准有 GB 2894—2008《安全标志及其使用导则》、GB/T 2893.1—2013《图形符号安全色和安全标志　第1部分：安全标志和安全标记的设计原则》、GB 2893—2008《安全色》。

第五节　防火防爆安全

因为火灾和爆炸是工矿企业的主要灾害事故，所以，防火与防爆是安全技术中的主要内容。

一、燃烧和爆炸的基本原理

1. 燃烧

燃烧是可燃物质（气体、液体或固体）与氧或氧化剂发生伴有放热和发光的一种激烈的化学反应。

燃烧的主要特征是具有高温反应进行的区域能够将高温反应的生成物与未反应物质区别开来。同时，在该反应区域中（或火焰中），没有压力剧烈上升的现象。如果反应区域内伴有急剧的压力上升和压力突变，则燃烧过程将向爆炸过程转变。

可燃气体、液体和固体（包括粉尘等），在空气中燃烧时，可以分为扩散燃烧、蒸发燃烧、分解燃烧和表面燃烧四种燃烧形式。

（1）扩散燃烧。扩散燃烧是指可燃气体分子和空气分子相互扩散、混合，当其浓度达到燃烧极限范围时，在外界火源作用下，使燃烧继续蔓延和扩大。如乙炔、氢气等可燃气体从管口等处流向空气所引起的燃烧现象。

（2）蒸发燃烧。蒸发燃烧是指液体蒸发产生蒸汽，被点燃起火后，形成的火焰温度进一步加热液体表面，从而加剧液体的蒸发，使燃烧继续蔓延和扩大的现象。如酒精、乙醚等易燃液体的燃烧。萘、硫黄等在常温下虽是固体，但在受热后会升华或熔化而产生蒸发，因而同样能够引起蒸发燃烧。

（3）分解燃烧。分解燃烧是指受热过程中伴随有热分解现象，由于热分解而产生可燃性现象，把这种气体的燃烧称为分解燃烧。如具有爆炸性物质缓慢热分解引起的燃烧；木材、煤等固体可燃物和不挥发性液体等，大多是由分解产生可燃性气体，再行燃烧的；低熔点的固体烃、蜡等也是进行分解燃烧。

（4）表面燃烧。表面燃烧是指可燃物表面接受高温燃烧产物放出的热量，而使表面分子活化，可燃物表面被加热后发生燃烧。燃烧以后的高温气体以同样的方式将能量传送给下一层可燃物，这样持续燃烧下去。

在扩散燃烧、蒸发燃烧和分解燃烧的过程中，可燃物虽是气体、液体或固体，但它们经过流动、蒸发、升华、分解等过程，最后还是归结于可燃气体或蒸汽的燃烧。

2. 爆炸

爆炸是指一种极为迅速的物理或化学的能力释放过程，在此过程中，系统的内在势能转变为机械功及光和热的辐射等。爆炸做功的根本原因在于系统爆炸瞬间形成的高温高压气体或蒸汽的骤然膨胀。爆炸的一个最重要的特征，是爆炸点周围介质中发生急剧的压力突变，而这种压力的突跃变化，则是产生爆炸破坏作用的直接原因。

爆炸可以由几种不同的物理现象或化学现象所引起。就引起爆炸过程的性质来看，爆炸现象大致可分为如下几类：

（1）物理爆炸。由于物理原因引起的爆炸属于物理爆炸，如蒸汽锅炉或高压气瓶的爆炸。由地壳弹性压缩引起的地壳运动（地震），也是一种强烈的物理爆炸。又如强火花放电（闪电）或高压电流通过金属丝，温度高达20 000℃，金属迅速转化为气态而引起的爆炸等都属于物理爆炸。

（2）化学爆炸。由于物质发生迅速的化学反应，产生高温高压而引起的爆炸属于化学爆炸。化学爆炸前后物质的性质和成分均发生根本变化。如爆炸性混合物的爆炸，所有可燃气体同空气（氧）的混合物所发生的爆炸以及炸药的爆炸等都属于化学爆炸。

（3）核爆炸。核爆炸的能源是核裂变和核聚变反应所释放的核能。核爆炸所释放出的能量比化学爆炸释放出的能量要大得多。核爆炸时可形成数百万到数千万摄氏度的高温，在爆炸中心区造成数百万大气压的高压，同时发出很强的光和热的辐射以及各种粒子的贯穿辐射，因此比化学爆炸具有更大的破坏力，核爆炸的能量相当于数千吨到数万吨 TNT 炸药爆炸的能量。

3. 燃烧和爆炸的关系

从物理化学角度而言，燃烧与爆炸都属于激烈的化学反应。对于任何固体或液体的爆炸物、气体爆燃混合物，在一定的条件下，燃烧可以转变为爆炸。因此，燃烧和爆炸是各类爆炸物所具有的紧密相关的两种特性。从安全工程分析，防止各类爆炸物发生火灾和爆炸事故也是紧密相关的。一般来说，火灾与爆炸两类事故往往接连发生，大的爆炸事故之后，常伴随有巨大的火灾；存有爆炸物质和混合气体爆燃物的场所，大的火灾往往又会导致爆炸。因此，了解燃烧和爆炸的关系，从技术上杜绝一切由燃烧转变为爆炸的可能性，则是防火防爆技术的重要内容。

但是燃烧与爆炸又是两种性质不同的过程，它们的基本特性有如下区别：

（1）从传播过程的机理上分析，燃烧过程中化学反应区域能量的传播，是通过热传导、辐射及燃烧气体扩散作用，传入未反应的原物质中，而爆炸过程中化学反应区域能量的传播则是借助于沿混合气体爆炸物压缩波叠加形成的冲击波，冲击压缩作用进行的。

（2）从燃烧波与爆炸冲击波传播的速度来分析，燃烧波的传播速度通常约为每秒几毫米到几厘米，而爆炸冲击波的传播速度总是大于原始爆炸物的声速，其速度有时高达每秒数千米。

（3）燃烧过程中燃烧反应区内产物的质点运动方向与燃烧波面方向相反，因此燃烧波面内的压力较低，不会对周围介质产生力的效应，而爆炸时，爆炸反应区内产物的质点运动方向与爆轰波传播方向相同，爆轰波区内的压力很高，因而向四周传出冲击波，对周围介质有强烈的力效应。

（4）燃烧反应易受外界压力和初温的影响，当外界压力低时，燃烧速度慢，随着压力增高，燃烧速度加快，爆炸则基本上不受外界条件的影响。

二、防火防爆的安全措施

防火防爆的根本目的是将人员伤亡和财产损失降至最低限度。防火防爆的基本原则是预防发生、限制扩大、灭火息爆。

防火防爆的基本内容：对易燃易爆物质的安全处理与控制和对引发火灾和爆炸

的点火源进行的安全控制。

1. 对易燃易爆物质的安全处理与控制

（1）用难燃烧或不燃物质来代替易燃或可燃物质。在工业防火、防爆的各种措施中，首先考虑的措施就是通过改进生产工艺及研制新材料，以不燃物或难燃物代替可燃、易燃物，以爆炸危险性小的物质代替危险性大的物质。

（2）用防火涂料浸涂可燃材料。使用防火涂料浸涂可燃材料可以改变材料的燃烧性能。

（3）加强通风排气。良好的通风可以降低可燃气体（蒸汽）或粉尘的浓度。

（4）对性质上相互作用能发生燃烧或爆炸的物品采取分开存放、隔离等措施。燃烧性气体不得与助燃物质混合储存。能够自燃的物质，在一定条件下可以自发燃烧，这样就可以引发其他燃烧性物质的燃烧，具有这种性质的物质也不能和其他易燃、易爆物质共同储存。

（5）密闭工艺设备。易燃、易爆物质的生产应在密闭设备管道中进行，对于已经在密闭管道或者设备中进行生产的系统，应该避免或防止易燃、易爆物质的泄漏，对于负压生产系统应该严防环境中的空气进入。

（6）对有异常危险的生产采取充装惰性介质保护。常用的惰性介质包括氮气、二氧化碳、水蒸气等。

（7）隔绝空气储存。例如将二硫化碳、磷储存在水中，将金属钾、钠存于煤油中。

（8）安装监测报警器。在可能发生危险的场所（如密闭不好容易发生泄漏的地方，使可燃物浓度超标）应该安装可燃物（蒸汽、粉尘）浓度监测报警器，一旦浓度达到报警的上下限，报警器就会报警，人们可以采取紧急防范措施。

2. 对点火源的安全控制

消除或控制点火源的措施主要从以下几点考虑。

（1）明火。明火可分为生产用火和非生产用火。生产用火包括生产过程中的加热用火和维修用火，非生产用火是指与生产无关的明火，包括取暖用火、焚烧等。

对易燃、易爆物品进行加热时，尽量避免使用明火加热，一般可以采用蒸汽、热水或其他热载体（如导热油）进行间接加热。如果必须使用明火，那么设备应该严格密闭，燃烧室应与设备分开建筑或隔离。在生产现场进行维修动火时，要严格遵循有关规定，按部就班地进行。

（2）摩擦与撞击。摩擦与撞击都有可能产生火花，造成火灾爆炸事故。

（3）高温热表面。工业中的加热装置、高温物料输送管道及一些高温反应器等，表面温度都比较高，应该在表面进行隔热或保温处理，让易燃、易爆物远离高温热表面。

（4）电火花。电火花可分为工作电火花和事故电火花两类。工作电火花是指电气设备正常运行时产生的火花，如插头拔出或插入插座时的火花等。事故电火花是指线路或设备故障时出现的火花，如短路、绝缘损坏等产生的火花。

（5）热射线（日光）。存放化学易燃物品的仓库，应遮挡阳光，防止分解或达到燃烧温度。

（6）静电火花。在一定条件下，将两种不同的物质（其中至少有一种是电介质）相互接触、摩擦，就可能产生静电积聚起来，产生高电压，并可能成为点火源。

3. 限制火势蔓延的措施

一旦发生火灾，阻止火势进一步蔓延所采取的措施也是防火防爆措施的一部分。

（1）居民区（建筑物）与危险场所（生产现场或储罐等）之间留足防火间距，设置防火墙，划分防火分区。

（2）在可燃气体管道上安装阻火器、水封等。

（3）在可能形成爆炸介质（可燃气体、可燃蒸汽和粉尘）的厂房设置泄压门窗、轻质屋盖、防爆墙等。

三、防火防爆事故的案例分析

1. 连霍高速三门峡义昌大桥"2.1"重大运输烟花爆竹爆炸事故

（1）案例描述。2013 年 2 月 1 日 8 时 57 分，连霍高速三门峡义昌大桥处发生一起运输烟花爆竹爆炸事故，导致义昌大桥部分坍塌，车辆坠落桥下，造成 13 人死亡，9 人受伤，直接经济损失 7 632 万元。事发当日，货车驾驶员驾驶冀 A70380 号货车，沿连霍高速自西向东行驶至河南省三门峡市境内 741.9 km 处义昌大桥上，车上违法装载、运输的烟火药剂爆炸物和烟花爆竹发生爆炸，致使义昌大桥坍塌，车辆坠落桥下，事故发生，酿成惨剧。

（2）原因分析

1）直接原因。驾驶员等人使用不具有危险货物运输资质的冀 A70380 号货车，不按照规定进行装载，长途运输违法生产的烟火药剂爆炸物（土地雷）和烟花爆竹（开天雷），途中紧急刹车，导致车厢内爆炸物发生撞击、摩擦引发爆炸，是事故发生的直接原因。

2）间接原因。通过以上分析可以看出，本案例中存在两个不安全动作，即违法运输和违法生产易燃易爆物品。存在这两个不安全动作的原因在于，运输人员可能不知道违法运输易燃易爆物品的危险和可能造成的严重后果，也可能是存在违法运输的经历，所以心存侥幸心理，养成了习惯性违法行为；而非法生产烟花爆竹的单位可能明知违法行为的危险，但是可能不了解违法行为可能导致的严重后果，因此为了片面地追求经济利益而置法律于不顾。没有意识到不安全动作的危险性和危害性，表现出相关违规违法人员的安全意识不强，以及习惯性地违法和违章造成的安全习惯不佳，很多事故发生后都能找到事前的多起相关违章，这就是事故引发者相关活动中的安全习惯不佳。另外法律明确禁止非法生产烟花爆竹，但是生产单位依旧违法生产，有可能是安全知识的缺乏。安全知识的缺乏和安全习惯的不佳造成经营者和管理者未对生产运营中可能发生的危险事件进行重视，进而引起人员的不安全动作，最终酿成事故。

3) 根本原因。河北省石家庄开发区凯达运输有限公司及有关人员未落实安全生产主体责任，对所属车辆实行挂靠经营，疏于管理，不按规定对所属车辆驾驶员进行安全教育及运输行业相关法律法规的培训，无危险货物道路运输资质、使用普通货运车辆从事危险货物运输。

陕西省蒲城县宏盛花炮制造有限公司违法包给无资质人员生产经营，超标准、超范围违法生产，大量使用不具备从业资格的人员从事危险工序作业，假冒注册商标，违法装载、运输烟火药剂爆炸物和烟花爆竹。同时，小郭货运部、虎子货运部违反《道路危险货物运输管理规定》，为不具有危险货物运输资质的企业和车辆联系介绍运输危险货物，用百货名义替代危险物品填写运输合同。

4) 根源原因。负责烟花爆竹企业生产安全的监管部门，未按照《烟花爆竹安全管理条例》《陕西省安全生产条例》《蒲城县人民政府关于进一步明确政府相关部门安全生产监管职责的意见》等有关规定有效查处非法生产、及时排除事故隐患，对蒲城县宏盛花炮制造有限公司违法承包转包，超标准、超范围违法生产，大量使用不具备从业资格的人员从事危险工序作业等违法行为监督检查不到位，打击不力，对相关的企业和单位未进行有效的安全培训和安全教育，致使相关人员安全知识匮乏，安全管理混乱，违法生产、经营、运输烟花爆竹等行为没有得到有效制止，安全隐患未能及时排除。如果企业和相关人员了解烟花爆竹生产经营运输的相关资质和危险性，建设其企业和单位的安全文化，认知安全文化建设的各个要素，管理体系就会健全，事故就不会发生。

2. 吉林市"3.5"重大车辆燃烧事故

(1) 案例描述。2014年3月5日7时05分，吉林市富康木业有限公司租用的吉林市平安客运有限责任公司名下的通勤大客车在运送职工上班途中发生燃烧，当场造成 10 人死亡，17 人受伤，直接经济损失 1 134.86 万元。事故发生当日 5 时 40 分，驾驶员驾驶事故客车从吉林市船营区城市人家装饰公司门前出发。5 时 45 分，车主于船营区雪园日本料理门前上车后，陆续接送 16 名吉林市松花江中学学生。6 时 25 分，学生于吉林市松花江中学全部下车后按日常路线接送吉林市富康木业有限公司 43 名职工，期间车主下车回家。7 时 05 分，该车行驶至迎宾大路小光村牌子附近时，座位下突然着火。司机紧急将车停于路边，随即开门与部分职工跳下车，使用灭火器灭火并协助车内其他人员下车。此时车后部火势迅速蔓延，车内未来得及逃离的部分职工砸窗跳车，余者拥向车门逃生。

（2）原因分析

1）直接原因。吉 BA2057 号大型普通客车更换的报废货车发动机由于私自改装为涡轮增压，并使用了失效的增压器和规格型号不统一的喷油器，导致发动机热负荷加大，排温大幅升高，引起发动机舱着火；发动机舱违规使用了未加防护的聚氨酯材料，致使发动机舱火势加大；发动机舱检修口盖使用了易燃、可燃材料，且有孔洞与车厢连通，使火焰进入车厢；车厢顶部、侧部、坐垫均使用聚氨酯发泡材料，导致车辆整体迅速燃烧，以上是事故发生的直接原因。

2）间接原因。对于本次事故的责任人来说，安全知识不足表现为对私自改装发动机的危险性缺乏足够的认识。事故客车车主安全法制观念淡薄，长期非法营运，严重违反安全生产法律法规，违法换装国家明令销毁、禁止交易使用的报废发动机总成。未对该车实施有效的安全管理，致使该车长期存在重大安全隐患运行，为了自己的利益而无视乘客生命。事故客车驾驶员协助非法购买并参与换装报废发动机总成（CA6113—1B00207939），长期驾驶机件不符合标准、存在安全隐患的机动车，致使该车发生重大燃烧事故。这些事故责任人在一定程度上对违规改装抱有侥幸心理，进而促使不安全习惯养成，其本质上还是对违规行为的安全认识不足。

3）根本原因。事故发生的根本原因在于相关单位和部门的安全管理体系和执行存在问题，具体表现为：

①吉林市平安客运有限责任公司安全生产主体责任不落实，安全生产规章制度执行不严格，管理不到位。违法将事故客车挂靠名下从事非法营运活动，对挂靠客车"挂而不管"。未依法对事故客车实施有效的安全管理，未对该车驾驶员进行定期安全培训，致使事故客车长期存在重大安全隐患运行。该公司未依法设立安全生产管理部门和专职管理人员，相关人员不掌握车辆安全技术要求，未认真核实事故客车营运许可，致使该公司疏于对租用的通勤客车的安全管理，对职工的安全常识和逃生自救互救能力培训不到位。

②吉林市开源报废汽车回收有限责任公司长期采取承包租赁方式从事回收、拆解报废汽车经营业务，长期疏于对承包租赁业户收购（拆解）报废汽车、销售拆解零部件等经营活动的管理，致使报废发动机总成（CA6113—1B00207939）流入市场。吉林市松江机动车检测有限公司执行机动车安全技术检验规章制度不严格，管理混乱，违法出具虚假检验合格报告，致使事故客车先后于 2012 年 8 月 28 日和2013 年 6 月 24 日两次违法通过机动车安全技术检验。

4）根源原因。通过对根源原因的分析可以知道，相关单位和部门对"安全管理制度的形成""安全管理体系的作用"等理念没有深入的理解和认识；驾驶人员和现场具体操作人员对于"安全生产主体责任""安全决定安全意识"等安全文化元素缺乏认识和理解。相关部门对吉林市松江机动车检测有限公司和吉林市吉广机动车检测有限公司长期违法检验、出具虚假报告等问题监管不力，在日常监管工作中未能依法依规及时发现吉林市机动车检验机构存在的违法违规问题并做出处理。因此，应着力于转变组织及成员的安全态度，努力进行安全文化建设，因为安全管理的活动就是在这些理念的影响、支配和指导下进行的。

四、防火防爆安全标志

常见的防火防爆安全标志见表 8—5。

表 8—5   常用防火防爆安全标志

序号	标志图案	标志名称	标志含义
1		禁止燃放鞭炮	表示燃放鞭炮、焰火可能引起火灾或爆炸
2		禁止烟火	表示吸烟或使用明火可能引起火灾或爆炸

续表

序号	标志图案	标志名称	标志含义
3		禁止用水灭火	表示：a. 该物质不能用水灭火；b. 用水灭火会对灭火者或周围环境产生危险
4		禁止带火种	表示存放易燃易爆物质，不得携带火种
5		灭火设备	指示灭火设备集中存放的位置
6		消防水带	指示消防水带、软管卷盘或消火栓箱的位置
7		地下消火栓	指示地下消火栓的位置

序号	标志图案	标志名称	标志含义
8		地上消火栓	指示地上消火栓的位置
9		消防水泵接合器	指示消防水泵接合器的位置
10		当心火灾——易燃物质	警告人们有易燃物质,要当心火灾
11		当心火灾——氧化物	警告人们有易氧化的物质,要当心因氧化而着火
12		当心爆炸	警告人们有可燃气体、爆炸物或爆炸性混合气体,要当心爆炸

续表

序号	标志图案	标志名称	标志含义
13		紧急出口	提示紧急出口的位置

注：参考的标准有 GB 2894—2008《安全标志及其使用导则》、NFPA170—2006《消防安全及应急符号》、GB 15630—1995《消防安全标志设置要求》、BS ISO23601—2009《安全标识——疏散平面图标志》。

思考题

1. 如何分析事故算全面？
2. 安全技术工程的分类有哪些？
3. 安全技术工程包括哪些内容？

参考文献

[1] 国家安全生产监督管理总局. "2.14" 特别重大瓦斯爆炸事故调查处理情况 [J]. 劳动保护, 2005 (6): 65.

[2] 吴穹, 许开立. 安全管理学 [M]. 北京: 煤炭工业出版社, 2002.

[3] 傅贵, 杨春. 安全学科的重要名词及其管理意义讨论 [J]. 中国安全生产技术, 2013, 9 (6): 145-148.

[4] 晓讷. 新中国历史上重要安全会议 (一) [J]. 劳动保护, 2009 (10): 33-36.

[5] 施启良. 系统定义辨析 [J]. 中国人民大学学报, 1993 (1): 37-42.

[6] 樊运晓, 罗云. 安全系统工程 [M]. 北京: 化学工业出版社, 2009.

[7] 孙树菡. 工伤保险 [M]. 北京: 中国劳动社会保障出版社, 2007.

[8] Taylor G, Hegney R, Easter K. Enhancing Safety [M]. 3rd ed. West Australia: West One, 2001.

[9] Heinrich W H, Peterson D, Roos N. Industrial Accident Prevention [M]. New York: McGraw - Hill Book Company (5 th), 1980.

[10] 田水承, 景国勋. 安全管理学 [M]. 北京: 机械工业出版社, 2009.

[11] 唐雄山. 组织行为学原理 [M]. 北京: 中国铁道出版社, 2010.

[12] Reason J. Human Error [M]. Cambridge: Cambridge University Press, 1990.

[13] 傅贵, 李宣东, 李军. 事故的共性原因及其行为科学预防策略 [J]. 安全与环境学报, 2005, 5 (1): 80-83.

[14] 全国注册安全工程师执业资格考试辅导教材编审委员会. 安全生产案例分析 [M]. 北京: 煤炭工业出版社, 2004.

[15] 肖前, 李秀林, 汪永祥. 辩证唯物主义原理 [M]. 北京: 人民出版社, 1981.

[16] 陈森尧. 安全管理学原理 [M]. 北京: 航空工业出版社, 1996.

[17] 傅贵. 安全学科结构的研究 [M]. 北京: 安全科学出版社, 2014.

［18］田夫，王兴成．科学学教程［M］．北京：科学出版社，1983．

［19］毛泽东．毛泽东选集（合订一卷本）［M］．北京：人民出版社，1964．

［20］曲方，郑颖君，林伯泉．安全科学体系建构中若干问题的探讨［J］．中国安全科学学报，2003，13（8）：1—4．

［21］余修武，章光，聂维．安全科学的体系架构与学科交叉［J］．中国安全生产科学技术，2011，7（3）：48—53．

［22］傅贵，张江石，许素睿．论安全科学技术学科体系的结构与内涵［J］．中国工程科学，2004，6（8）：12—16．

［23］傅贵，陈大伟，杨甲文．论安全学科的内涵与本科教育课程体系建设［J］．中国安全科学学报，2005，15（1）：63—66．

［24］曾冬梅．建国以来我国高校本科专业结构调整的历史演进［J］．高等教育的改革与发展，2004（12）：1—7．

［25］徐越．从战略高度做好新一轮学科专业结构调整工作——访教育部高教司副司长林蕙青［J］．中国高等教育，2001，（24）：11—13．

［26］宋守信，杨书宏，傅贵，等．中美安全工程专业教育及认证标准对比研究［J］．中国安全科学学报，2012，22（12）：23—28．

［27］傅贵，杨书宏，宋守信，等．安全工程专业本科专业规范的研究与探讨［J］．中国安全科学学报，2008，18（11）：78—84．

［28］宋守信，杨书宏，傅贵，等．安全工程本科教育专业认证的方法与实践［J］．中国安全科学学报，2008，18（8）：49—57．

［29］张兴容．21世纪安全专业应用型人才的培养思路与模式［J］．中国安全科学学报，2002，12（5）：39—43．

［30］何亮姬．中国大学通识教育课程设置的对比研究［D］．兰州：兰州大学教育学院，2009．

［31］洪世梅，方星．关于学科专业建设中几个相关概念的理论澄清［J］．高教发展与评估，2006，22（2）：55—57．

［32］傅贵，安宇，邱海滨，等．安全管理学及其具体教学内容的构建［J］．中国安全科学学报，2007，17（12）：66—69．

［33］蒋培玉，李列平，沈怔．安全工程专业本科教育培养模式的探讨［J］．安全与环境工程，2002，9（2）：47—49．

［34］何秋钊．用系统论基本思想建立本科专业规范体系［J］．天府新论，2005（3）：139—141．

［35］周健儿，罗金明，韩占生. 普通高等院校工科本科人才培养专业规范的研究 ［J］. 黑龙江高教研究，2005（2）：8－10.

［36］王俊豪. 管制经济学原理 ［M］. 北京：高等教育出版社，2007.

［37］何玉. 我国安全生产监管模式的探讨 ［D］. 昆明：昆明理工大学，2010.

［38］夏新. 比较视野下的我国安全生产政府管制研究 ［D］. 郑州：河南大学，2007.

［39］沈亚平，王骚. 公共管理案例分析 ［M］. 天津：天津大学出版社，2006.

［40］耿云蕾. 我国政府安全生产监督管理模式的分析与研究 ［D］. 北京：首都经济贸易大学，2010.

［41］奚隽. 我国安全生产监督管理工作面临的挑战和对策研究 ［D］. 上海：华东师范大学，2009.

［42］斐文田. 对建立我国安全生产监督管理新格局的研究 ［D］. 北京：对外经济贸易大学，2003.

［43］刘铁民，耿凤. 市场经济国家安全生产监察管理体制 ［J］. 劳动保护，2000（10）：13－18.

［44］刘广琪. 中美安全生产监管体制比较与思考 ［J］. 特区实践与理论，2008（6）：53－56.

［45］蓝晓梅. 煤矿矿山安全与健康监察体系 ［J］. 中国煤炭，2001，27（1）：41－44.

［46］赵青青. 美国职业安全卫生监察及其对我国的启示 ［J］. 安徽警官职业学院学报，2013，12（2）：26－28.

［47］董维武. 美国联邦矿山安全健康监察局 26 年的成功经验 ［J］. 世界煤炭，2005（6）：75－77.

［48］赵冬花. 日本职业安全保障体制 ［J］. 世界煤炭，2002（12）：53－55.

［49］王原博. 日本煤矿安全监察与管理理念 ［J］. 陕西煤炭，2011（2）：112－113.

［50］高勤社. 日本煤矿安全考察之所见 ［J］. 陕西煤炭技术，2000（4）：7－11.

［51］徐海云，吴贵仁，王笑恬. 日本煤矿安全监督管理的主要做法及启示 ［J］. 煤炭科技，2014（2）：88－92.

［52］汪月. 建立管理系统健全监察机制—日本的安全生产监督检查机制 ［J］. 现代职业卫生，2008（11）：60－61.

［53］高建明，魏利军，吴宗之. 日本安全生产管理及其对我国的启示 ［J］. 中国安全科学学报，2007，17（3）：105－111.

［54］江洪清. 日本矿山安全管理的特点 ［J］. 劳动保护，2007（2）：114－116.

［55］恒川谦司，刘宝龙，高建明，等. 日本职业卫生管理及对中国的启示 ［J］. 中国安全生产科学技术，2008，4（1）：116－119.

[56] 赵建刚. 德国职业安全健康管理探析 [J]. 中国行政管理，2014 (11)：123－125.

[57] 房照增. 英国的职业安全与健康 (一) [J]. 现代职业安全，2004 (5)：52－54.

[58] 袁和平. 德国劳动安全卫生管理见闻 (一) [J]. 现代职业安全，2007 (8)：61－63.

[59] 陈鲁，单保华. 德国职业安全健康管理模式及特点 [J]. 铁道劳动安全卫生与环保，2004，31 (6)：61－63.

[60] 时鹏远. 我国安全生产立法研究 [D]. 长春：吉林大学，2008.

[61] 裴文田. 对建立我国安全生产监督管理新格局的研究 [D]. 北京：对外经济贸易大学，2003.

[62] 张勇，潘素萍. 美国煤矿安全生产立法及对我国的启示 [J]. 华北科技学院学报，2002，4 (4)：10－12.

[63] 傅贵. 安全管理学——事故预防的行为控制方法 [M]. 北京：科学出版社，2013.

[64] 苗金明，徐德蜀，陈百年，等. 职业健康安全管理体系的理论与实践 [M]. 北京：化学工业出版社，2005.

[65] 李跃平，杨树华，金华勇，等. 职业健康安全管理体系的建立与运行 [M]. 徐州：中国矿业大学出版社，2004.